Nach einer Radierung von J. C. Turner

A. Einstein.

RAUM UND ZEIT
IM LICHTE DER SPEZIELLEN RELATIVITÄTSTHEORIE

VERSUCH EINES
SYNTHETISCHEN AUFBAUS DER SPEZIELLEN
RELATIVITÄTSTHEORIE

VON

DR. CLEMENS VON HORVATH
PRIVATDOZENT FÜR PHYSIK AN DER UNIVERSITÄT KASAN

MIT 8 TEXTABBILDUNGEN
UND EINEM BILDNIS

BERLIN
VERLAG VON JULIUS SPRINGER
1921

ISBN-13: 978-3-642-98546-1 e-ISBN-13: 978-3-642-99361-9
DOI: 10.1007/ 978-3-642-99361-9

Vorwort.

Das Problem des synthetischen Aufbaues der speziellen Relativitätstheorie hat mich seit 1912 beschäftigt. In den Jahren, die seit 1912 bis 1921 verflossen sind, habe ich es nicht gewagt, die schon ohnehin schwerwiegende relativistische Literatur noch durch eine Monographie zu belasten, deren Aufbau voraussichtlich bloß als Charakteristikum für die Assimilierungstalente des die Monographie kompilierenden Autors dienen könnte und deren Inhalt in anderen Büchern zu finden wäre.

Erst nachdem der synthetische Aufbau der speziellen Relativitätstheorie mir gelungen zu sein schien und ich die Überzeugung gewinnen konnte, daß die so (synthetisch) aufgebaute spezielle Relativitätstheorie nicht zu speziell ausfallen würde, habe ich den Mut gefaßt, durch die Veröffentlichung der vorliegenden Monographie mich in die Milchstraße der relativistischen Bücherschreiber einzureihen.

Im Laufe der letzten fünf Jahre habe ich öfters Gelegenheit gehabt, Einstein zu hören und mit Einstein über verschiedene wissenschaftliche Fragen zu sprechen. Ich bin froh, daß ich einen Teil davon, was ich von Einstein gelernt habe, mit den Lesern dieses Buches teilen kann, die auch darüber zu urteilen haben werden, in welchem Maße der synthetische Aufbau der speziellen Relativitätstheorie mir gelungen ist.

Die einzelnen Bausteine, die ich dazu gebraucht habe, verdanke ich meinen Lehrern: Minkowski, Michelson, Planck und besonders Einstein.

Sollten irgendwelche Gedankengänge, die mich beim Aufbau meiner Arbeit geleitet haben, sich mit der Zeit als nicht stichhaltig erweisen, dann würde ich diese verfehlten Gedankengänge, soweit sie in den Arbeiten anderer Autoren nicht vorkommen, auf das Konto meiner eigenen Schöpfungen übernehmen.

Berlin, September 1921.

Der Verfasser.

Inhaltsverzeichnis.

Inhaltsverzeichnis

Einleitung.

Die Relativitätstheorie ist ein Kapitel der Physik und die Physik ist im Grunde genommen nichts anderes als die Lehre von unseren Empfindungen. Unsere Empfindungen hängen aber bekanntlich nicht nur vom Zustand und der Natur der Gegenstände, von denen gewisse auf unsere Sinnesorgane einwirkende Störungen ausgehen, ab, sondern auch von der Lage, dem Bewegungszustand und Gemütszustand des Beobachters selber.

Das Problem, ein Weltbild zu konstruieren, das für Beobachter verschiedener Lagen, Bewegungszustände und Launen seine Gültigkeit als solches behalten soll, hat sich mit der Zeit immer mehr und mehr als eins der wichtigsten Probleme der theoretischen Physik gestaltet.

Wir haben zwei Augen, die uns von klein auf zwingen, die Welt von mehr als einem Punkt aus zu beobachten. Durch die Vermittlung unseres Gehirns sind wir in der Lage, aus den beiden zweidimensionalen Bildern, die auf der Netzhaut der Augen entworfen werden, den dreidimensionalen Charakter (Relief von Gegenständen) unserer Welt nicht nur abzuleiten, sondern ihn auch zu sehen.

Wir sind dadurch in der Lage, z. B. von einem Würfel als einem Weltkörper zu denken, ohne uns dabei in irgendeine bestimmte Lage relativ zum Würfel zu versetzen und sind auf diesem Wege demnach imstande, Weltbilder zu entwerfen, die von der Lage des Beobachters unabhängig sind.

Dasselbe Problem der Emanzipation von der Lage des Beobachters wird, insofern es sich um Form und Gestalt der umgebenden Körper handelt, in den sogenannten photogrammetrischen Methoden auf rechnerischem Wege gelöst, in denen wir auf Grund zweier von zwei verschiedenen Punkten photographisch aufgenommenen Bilder eines Gegenstandes sein Relief auf rechnerischem Wege rekonstruieren können.

Vom Gemütszustand des Beobachters können wir uns leicht dadurch emanzipieren, daß wir die Beobachtungen durch Vermittlung von Meßinstrumenten ausführen. Die Meßinstrumente haben aber ihrerseits bestimmte Lagen und Bewegungszustände und in dieser Hinsicht sind sie demnach einem mit seinen natürlichen Sinnesorganen bewaffneten Beobachter gleichzustellen.

Was die Emanzipation vom Bewegungszustande des Beobachters betrifft, so hat es sich gezeigt, daß dieses Problem ein viel komplizierteres ist, als die vorhergehenden Probleme der Emanzipation von der Lage und der Laune des Beobachters.

Es hat sich gezeigt, und damit werden wir uns in dieser Abhandlung eingehender beschäftigen, daß zwei verschieden bewegte Beobachter, die mit gleich beschaffenen Uhren und Maßstäben bewaffnet sind, zu verschiedenen Ergebnissen gelangen, wenn sie die Länge eines gegebenen Stabes und die Größe eines Zeitintervalles zwischen zwei beliebig gewählten, räumlich getrennten Ereignissen messen.

Wenn wir auch durch eine unbekannte synthesierende Funktion unseres Gehirns imstande sind, die mit der Änderung der Lage des beobachtenden Auges sich ändernden zweidimensionalen Netzhautbilder von beobachteten Körpern zu einem einzigen dreidimensionalen Reliefbilde zu vereinigen, so sind wir nicht imstande, die verschiedenen dreidimensionalen Reliefbilder von ein und demselben Körper, die von verschieden bewegten Beobachtern wahrgenommen werden, zu einem vierdimensionalen Bilde zu vereinigen.

Wären wir so organisiert, wie es z. B. bei einigen Krebsen der Fall ist, daß unsere beiden Augen sich mit verschiedener Geschwindigkeit relativ zur Umgebung bewegten, so wären wir vielleicht imstande, einen Eindruck von einer vierten Dimension eines Körpers zu erhalten, indem wir in einem Bilde die Verschiedenheit der Bilder wahrnehmen würden, die durch den verschiedenen Bewegungszustand des Beobachters entstehen könnten.

Das tatsächlich vorhandene Arsenal unserer Sinnesorgane reicht uns nicht aus, um ein greifbares Weltbild von unserer Umgebung aufzubauen, das vom Bewegungszustande des Beobachters ebenso unabhängig ist, wie die von uns wahrgenommenen Reliefbilder von Körpern es von der Lage des Beobachters sind.

Unser Gehirn ist im besten Falle dazu geeignet, vier- und mehrdimensionale Weltbilder, mit denen wir in der Relativitätstheorie so oft zu tun haben, zu begreifen, ohne sie bildlich vorstellen zu können.

Unsere Sinne haben sich durch den Kampf ums Dasein entwickelt, und sie sind keinesfalls dazu da, um uns die Möglichkeit zu geben, über die Welt mit fühlbarem Erfolg zu philosophieren (Lodge). Aus diesem Grunde wollen wir von vornherein die Forderung der unmittelbaren Anschaulichkeit des relativistischen Weltbildes fallen lassen und uns beim zukünftigen Aufbau unserer Theorie mit Weltbildern begnügen, die uns verständlich sind, denen wir aber kein anschauliches Bild zuzuordnen brauchen. Das Endziel der Relativitätstheorie besteht aber nicht nur darin, ein für alle Beobachter gültiges Weltbild aufzubauen, sondern auch darin, die Meßergebnisse der einzelnen Beobachter, die sie an denselben Weltereignissen vornehmen, miteinander in Einklang zu bringen, wenn sie auch einander oft zu widersprechen scheinen.

Da alle physikalischen Ereignisse sich in einem raumzeitlichen Rahmen abzuspielen scheinen, so sind diese auf dem Gebiete der raumzeitlichen Meßergebnissen scheinbar auftauchenden Widersprüche für uns von besonderer Bedeutung.

Genau so wie die Aussage eines Franzosen: „il fait beau temps aujourd'hui" sich mit der Aussage eines Deutschen: „heute ist gutes Wetter" an der Hand eines französisch-deutschen Lexikons decken würde, so decken sich auch die durch verschiedene Zahlen ausgedrückten raumzeitlichcn Meßergebnisse, die von verschiedenen Beobachtern an ein und demselben Weltereignis ausgeführt sind, wenn wir die sog. Transformationsformeln für raumzeitliche Größen aufstellen; denn diese kann man als eine Art Lexikon auffassen, das die raumzeitlichen Meßergebnisse irgendeines Beobachters in der Sprache anderer Beobachter auszudrücken gestattet.

Die Transformationsformeln aus Definitionen der physikalischen Begriffe von Länge und Zeitintervall einerseits und aus der Erfahrung andererseits abzuleiten, ist eines der wichtigsten Probleme der speziellen Relativitätstheorie.

Nach dieser kurzen Einleitung wollen wir zum Aufbau des Systems der speziellen Relativitätstheorie übergehen, mit der wir uns in dieser Abhandlung näher beschäftigen wollen, und zwar wollen wir uns dabei nur an den prinzipiell wichtigsten Etappen des Aufbaues aufhalten, ohne diejenigen eklatanten Ergebnisse der Relativitätstheorie besonders hervorzuheben, die dazu geeignet sein mögen, das Auditorium ins Staunen zu versetzen, aber nicht dazu geeignet sind, eine klare Vorstellung über das Wesentliche in der Relativitätstheorie zu geben.

---

1. Das Kartesische Koordinatensystem.

Ein durch die alltägliche Erfahrung nicht voreingenommener Menschenverstand würde es als ein Wunder betrachten, wenn man mit Hilfe gradliniger[1]) einander gleicher starrer Stäbchen durch sukzessive nach den Rezepten der Euklidischen Geometrie vorzunehmende Operationen des Lotaufrichtens Quadrate und Würfel konstruiert, und wenn man dann mit Hilfe von acht einander gleichen Würfeln einen neuen größeren Würfel erhält, indem der durch Neben- und Aufeinanderlagerung der ersten sieben Würfel gebildete körperliche Winkel durch den achten Würfel lückenlos ausgefüllt wird.

Es könnte vorkommen, daß wir imstande wären, von irgendeinem Punkte z. B. unseres Zimmers ausgehend, den ganzen Raum auch außerhalb des Zimmers durch Neben- und Aufeinanderlagerung von Würfeln mit gleichbeschaffenen Würfeln lückenlos auszufüllen. In diesem Falle sagen wir, daß der Weltenraum für den mit dem Zimmer verbundenen Beobachter euklidischen Charakter hat. Die Ecken der den Raum ausfüllenden Würfel könnten wir mit Hilfe von Zahlen numerieren, die die Mathematiker Koordinaten nennen, so daß wir auch umgekehrt, durch Angabe der Koordinaten einer Ecke, die diesen Koordinaten entsprechende Würfelecke ausfindig machen können. Wenn wir die Würfelkante genügend klein wählen, dann können wir jeden be-

---

[1]) Die physikalische Definition des Begriffes „gradlinig" wird im weiteren Verlaufe der Abhandlung aufgestellt.

liebigen Punkt des Raumes mit einer der Würfelecken als zusammenfallend annehmen und seine Lage durch die Koordinaten der betr. Würfelecken charakterisieren.

Das den Raum lückenlos ausfüllende Würfelsystem mit numerierten Würfelecken nennt der Mathematiker kartesisches Koordinatensystem. Den Ort eines Punktes kann man durch die Angabe seiner Koordinaten nur dann finden, wenn nicht nur das den Raum lückenlos erfüllende Würfelsystem, sondern auch die Numerierung der Würfelecken gegeben ist; denn es ist leicht einzusehen, daß bei einem und demselben Würfelsystem sich verschiedene Numerierungen vornehmen lassen, die für eine und dieselbe Würfelecke verschiedene Koordinatenzahlen ergeben würden.

Wenn das Koordinatensystem (das den Raum lückenlos erfüllende Würfelsystem selber und die Numerierung der Würfelecken) gegeben ist und dazu benutzt wird, um die Lage der Punkte des Raumes durch Zahlen anzugeben, oder, wie man sagt, die Punkte auf das Koordinatensystem zu beziehen, dann wird das Koordinatensystem auch Bezugssystem genannt.

Gelingt uns die lückenlose Ausfüllung des Weltraumes mit Würfeln vom Zimmer aus, so würde sie uns z. B. auch von einem am Zimmer gradlinig vorbeifahrenden Zuge gelingen (das gilt auch von einem Beobachter, der sich auf einem relativ zum Zimmer ungleichförmig bewegten Zuge befindet, da in diesem Falle, wie es aus der Theorie folgt, die räumlichen Gravitationspotentiale $g_{\mu\nu}$ für beide Systeme dieselben sind). Wenn wir von diesem Zuge aus den ganzen Raum tatsächlich mit gleichbeschaffenen Würfeln lückenlos ausfüllen, so würden wir ein neues Bezugssystem erhalten, auf das wir die Lage jedes beliebigen Punktes beziehen könnten. Dagegen würde in einem relativ zum ursprünglichen Zimmer rotierenden Körper (z. B. auf einem Karussell oder auf einem Teufelsrad) eine lückenlose Ausfüllung des Raumes mit gleichbeschaffenen Würfeln uns nicht gelingen. Es würden sich bei der Auf- und Nebeneinanderlagerung der Würfel Lücken bilden. Jeden Punkt, der innerhalb einer dieser Lücken gewählt wird, würden wir der Lage nach nie mit einer der Ecken eines den ganzen Raum lückenlos ausfüllenden Würfelsystems identifizieren können, und demnach würde es keinen Sinn haben, von Koordinaten eines solchen Punktes im obenerwähnten Sinne zu sprechen. In so einem System würde der Weltenraum, wie man sagt, nichteuklidische Eigenschaften besitzen.

Eine lückenlose Ausfüllung des Raumes mit gleichbeschaffenen Würfeln ist demnach nicht in jedem Bezugssystem möglich. Wenn wir aber ein System gefunden haben, in dem diese lückenlose Ausfüllung des ganzen Raumes mit Würfeln möglich ist, dann gibt es, wie die Erfahrung es zeigen würde, außer dem einen System noch eine unendliche Anzahl von anderen, die sich relativ zum ursprünglichen gradlinig und ohne sich dabei zu drehen, fortbewegen.

2. Homogenität des Raumes in bezug auf den Gang gleichbeschaffener Uhren.

Die verschiedenen Bezugssysteme kann man nicht nur mit Bezug auf den euklidischen oder nichteuklidischen Charakter des in diesem System wahrgenommenen Raumes voneinander unterscheiden, sondern man kann es auch in bezug auf den Gang von gleichbeschaffenen Uhren, die in verschiedenen Punkten des Raumes gelagert sein sollen.

Unter einer Uhr verstehen wir ein Ding, das periodische[1]) Zustandsänderungen ausführt. Als Uhr können wir

---

[1]) Zustandsänderungen eines Systems sind nur dann als periodisch zu bezeichnen, wenn einzelne durch gewisse Parameter ge-

z. B. die rotierende Erde, ein schwingendes lichtemittierendes Atom, einen senkrecht zu zwei einander parallelen Spiegelebenen hin und her pendelnden Lichtimpuls wählen.

Wenn wir eine Anzahl genau gleichgebauter Uhren hätten, dann würden sie an einem bestimmten Ort des Raumes (die Uhren sollen z. B. in dem Bezugsystem ruhen, das fest mit dem am Zimmer vorbeifahrenden Zuge verbunden ist) alle im gleichen Tempo laufen. Bringen wir je eine der Uhren an verschiedene Orte unseres Bezugsystems, dann würden wir im allgemeinen konstatieren können, daß z. B. in einem relativ zum Zimmer gradlinig beschleunigten Eisenbahnzuge die an verschiedenen Orten des Zuges gelagerten Uhren in verschiedenem Tempo weiterlaufen würden[2]). In diesem Falle würden wir sagen können, daß der Raum in bezug auf den Gang gleichbeschaffener Uhren inhomogen sei.

Man hat genügend Grund, sich zu wundern, wenn man ein System trifft, in dem gleichbeschaffene Uhren an verschiedenen Orten des Systems gleich schnell gehen. In

---

kennzeichnete Zustände, die das System durchläuft, sich wiederholen.

Bei der physikalischen Definition einer Uhr wollen wir die Voraussetzung über die bei der Abwicklung der aufeinanderfolgenden Zustände des Systems unveränderte Gestaltung der Naturgesetze aufrechterhalten; eine Voraussetzung, die man gewöhnlich als Unveränderlichkeit der Naturgesetze mit der Zeit zu bezeichnen pflegt und die bei der Wiederholung eines Zustandes des in Betracht kommenden Systems die Wiederholung auch aller zwischenliegenden Zustände desselben Systems als notwendige Folgerung mitenthält.

[2]) Man könnte das physikalisch z. B. dadurch feststellen, daß man die an verschiedenen Orten des Zuges lagernden Uhren nach Verlauf von $n, n+m, n+m+p, \ldots$ Perioden einer der Uhren an ein und denselben Ort bringt und die Zahl der an den verschiedenen Uhren zurückgelegten Perioden miteinander vergleicht.

diesem Fall würden wir den Raum unseres Bezugssystems als homogen in bezug auf den Gang gleichbeschaffener Uhren bezeichnen. Die Erfahrung würde uns zeigen, daß unter allen den Bezugssystemen, in denen der Raum euklidische Eigenschaften hat, nur ein geringer Teil auch noch der Bedingung der Homogenität des Raumes in bezug auf den Gang gleichbeschaffener Uhren genügt.

3. Die Inertialsysteme.

Diejenigen Systeme, in denen eine lückenlose Ausfüllung des Raumes mit gleichbeschaffenen Würfeln möglich ist und in denen gleichbeschaffene Uhren an verschiedenen Orten des Systems gleich schnell gehen, nennen wir Inertialsysteme.

Einen Körper, von dem aus wir irgendwelche Messungen, Aufnahmen, Beschreibungen usw. vornehmen, um uns von der uns umgebenden Welt eine Vorstellung zu schaffen, nennen wir ganz allgemein Bezugssystem.

Wenn wir z. B. von dem Hause aus, in dem wir uns zur Zeit befinden, von einem Karussell oder von einer Schaukel aus die Welt beschreiben würden, dann würden wir je nach unserer Wahl das eine Mal das Haus, das andere Mal das Karussell und das dritte Mal die Schaukel unser Bezugssystem nennen müssen.

Die spezielle Relativitätstheorie ist in rein formaler Hinsicht neben der allgemeinen Relativitätstheorie dadurch ausgezeichnet, daß in der speziellen Relativitätstheorie als Bezugssystem nur Inertialsysteme zulässig sind, dagegen in der allgemeinen Relativitätstheorie beliebige Systeme, also z. B. auch solche, in denen gleichbeschaffene Uhren an verschiedenen Orten des Systems verschieden schnell gehen.

Die Inertialsysteme spielen aber auch in der allgemeinen Relativitätstheorie eine ganz besondere Rolle, und zwar in den Fällen, wo man gewisse aus rein theoretischen Betrachtungen hergeleitete Größen mit den raumzeitlichen Meßergebnissen verknüpfen will.

Solange wir auf dem Boden der speziellen Relativitätstheorie stehen, dürfen wir Weltbilder nur vom Standpunkt eines Inertialsystem-Beobachters entwerfen. Die Wahl eines von einem Inertialsystem abweichenden Bezugssystems ist auf dem Boden der speziellen Relativitätstheorie verboten. Dieses Verbot ist in der relativistischen Literatur noch immer nicht oft genug wiederholt worden. Noch vor kurzem hat ein Berliner Professor in seinem Vortrage gegen die Einsteinsche Relativitätstheorie eine Reihe von angeblichen inneren Widersprüchen der Einsteinschen speziellen Relativitätstheorie hervorgehoben, die alle darauf beruhen, daß der Betreffende den Gang von Uhren vom Standpunkte eines Systems untersucht, das kein Inertialsystem ist, und dabei Beziehungen aus der speziellen Relativitätstheorie benutzt, die die Wahl eines Nichtinertialsystems ausdrücklich verbietet.

Da wir uns zunächst nur über die spezielle Relativitätstheorie unterhalten wollen, so wollen wir uns mit einem Inertialsystem verbunden denken und von diesem Standpunkt aus die uns umgebende Welt zu beschreiben versuchen.

Zunächst einige Worte über denjenigen Begriff der

Relativität,

von dem in der Relativitätstheorie die Rede ist und dem die Relativitätstheorie ihren Namen verdankt.

Wenn wir von einem Wagen sprechen, der sich relativ zum Erdboden bewegt, oder wenn wir den relativ zu dem uns sichtbaren Teil des Erdbodens aufgehenden Mond beobachten, dann haben wir mit einer Relativität im trivialen Sinne dieses Wortes zu tun.

In der Relativitätstheorie versteht man unter Relativität den Gegensatz zum Absoluten.

Als absolut bezeichnet man alles, was von einschränkenden Bedingungen losgelöst ist. Das Wort absolut stammt vom lateinischen absolvere = loslösen.

So versteht man in der speziellen Relativitätstheorie unter Relativität der raumzeitlichen Meßergebnisse die Abhängigkeit dieser Meßergebnisse von der Wahl desjenigen Systems oder Körpers, von dem aus die Messungen ausgeführt worden sind. Die einschränkende Bedingung wäre in diesem Falle die Wahl des Bezugsystems.

Die Relativität der raumzeitlichen Meßergebnisse, die ihren quantitativen Ausdruck in der sog. Lorentztransformation findet, scheint uns das prinzipiell wichtigste Ergebnis der speziellen Relativitätstheorie zu sein, und auf diese Betrachtungen wollen wir jetzt den Schwerpunkt unserer Aufmerksamkeit lenken.

4. Einheitsmaßstäbe und gerade Linien.

Wir wissen, daß die spezielle Relativitätstheorie ein Kapitel der Physik ist, und im Gebiete der Physik sprechen wir von Dingen (wie z. B. von einem Einheitsmaßstab oder einer geraden Linie) und Größen (wie z. B. einer Länge) im physikalischen Sinne dieser Worte.

Jeder Körper, dessen Unveränderlichkeit[1]) (Starrheit) wir voraussetzen und an dem zwei Punkte markiert sind,

---

[1]) Die Unveränderlichkeit eines Einheitsmaßstabes kann nicht nachgewiesen werden, sie kann nur angenommen werden. Aus praktischen Gründen stellen wir Einheitsmaßstäbe aus sog. festen Körpern her.

kann als sog. Einheitsmaßstab gewählt werden. Als typisches Beispiel eines Maßstabes kann man einen erstarrten Kreiszirkel wählen, als dessen markierte Punkte man beide Spitzen A und B des starren Körpers $A\,C\,B$ wählt.

Wenn wir jetzt zwei markierte Punkte K und L eines anderen Körpers haben und zwischen diesen Punkten eine Reihe von beliebig verlaufenden Kurven konstruieren, dann

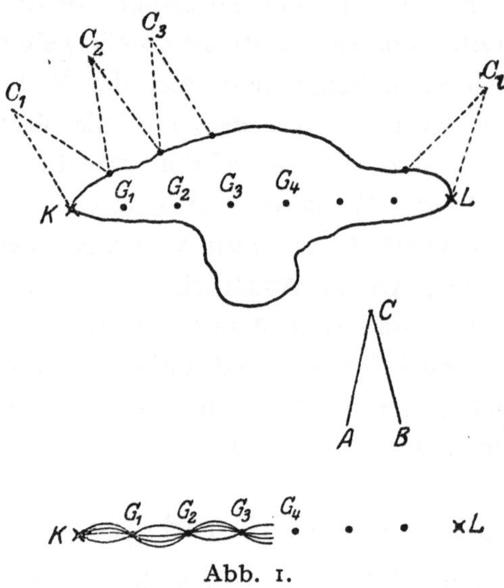

Abb. 1.

können wir entlang jeder dieser Kurven mit Hilfe unseres Einheitsmaßstabes eine Reihe von sukzessiv ausgeführten Abtragungsoperationen ausführen, die dazu notwendig sind, um mit dem Maßstab vom Punkt K bis zum Punkt L zu gelangen. Wir wollen nur diejenigen Fälle ins Auge fassen, wo die Zahl dieser Abtragungsoperationen, die abgezählt werden kann, sich bei einer ev. Wiederholung des Versuches nicht ändert. Es würde sich in diesen Fällen zeigen, daß unter allen Kurven es eine Anzahl von Kurven gibt, entlang derer die Zahl der oben erwähnten Abtragungsoperationen ein Minimum ist. In diesem Falle könnten wir sagen, daß der Weg, auf dem der Einheitsmaßstab von K bis L gelangt ist, der kürzeste ist. Es würde sich zeigen, daß alle diese „kürzesten" Kurven eine Reihe von gemeinschaftlichen Punkten haben, und zwar diejenigen Punkte $K, G_1, G_2, G_3, \ldots L$, in denen die Spitzen des Einheitsmaßstabes auf dem kürzesten Wege von K bis L gewesen sind. Diese Punkte wollen wir als Punkte der kürzesten Linie (der sog. geodätischen Linie), die zwischen K und L geführt ist, bezeichnen.

Damit die Konstruktion der zwischen K und L liegenden Punkte $G_1, G_2, G_3, \ldots$, praktisch durchführbar ist, ist es notwendig, den Einheitsmaßstab so zu wählen, daß die Zahl der Abtragungsoperationen des Einheitsmaßstabes zwischen den Punkten K und L auf dem kürzesten Wege eine ganzzahlige wird.

Genau auf demselben Wege wie wir zwischen K und L die Punkte $G_1, G_2, G_3, \ldots$ gefunden haben, können wir durch die Wahl eines kleineren Einheitsmaßstabes zwischen je zwei benachbarten Punkten G_i und G_{i+1} eine beliebig große Zahl von neuen Punkten der kürzesten Linie (geodätischen Linie) zwischen K und L finden.

Die kürzeste Linie zwischen zwei Punkten heißt aber gerade Linie. Demnach haben wir an der Hand von einer Reihe von Maßstäben die Möglichkeit, beliebig viele Punkte auf der geraden Linie zwischen zwei gegebenen Punkten zu konstruieren. Die gerade Linie selber als eindimensionales Kontinuum enthält aber, wie wir aus der Mengenlehre wissen, mehr Punkte als diejenigen Punkte, die wir bis jetzt gefunden haben. Wir wissen nämlich aus der Theorie der geometrischen Konstruktionen, daß wir mit Hilfe derjenigen Operationen, die wir bis jetzt benutzt hatten, um Punkte der geraden Linie zwischen zwei gegebenen Punkten zu finden, nie zu solchen Punkten gelangen, die z. B. irrationalen Zahlen entsprechen.

Wie weit auch die Feinheit unserer Meßinstrumente mit der Zeit gehen mag, in der Praxis wird uns immer die unendlich große Zahl von Punkten, die man mit Hilfe eines unendlich kleinen Einheitsmaßstabes zwischen zwei gegebenen Punkten finden kann, genügen, um diese unendliche Anzahl von Punkten der geraden Linie mit der geraden Linie selber zu identifizieren.

In der Geometrie ist die gerade Linie, die als kürzeste Linie zwischen je zwei Punkten definiert ist, als etwas von vornherein Gegebenes zu betrachten. Wenn wir bei der Behandlung physikalischer Probleme von geraden Linien als kürzesten Linien zwischen je zwei Punkten sprechen (das ist die in der Geometrie übliche Definition der geraden Linien), dann kann uns eine Definition der geraden Linien, wie schön sie auch klingen mag, nichts nutzen, solange wir keine greifbaren Methoden angeben, die uns eine gerade Linie als Ergebnis einer Reihe von physikalischen Manipulationen ergeben würde. Haben wir so eine Methode angegeben, dann erhält der Begriff der geraden Linie außer einem rein geometrischen auch einen physikalischen Sinn.

5. Länge, Zeit und Zeitintervalle als physikalische Größen.

Wir bezeichnen eine Größe (z. B. die Länge eines Stabes) als physikalisch definiert, wenn eine Vorschrift festgesetzt ist, nach der wir die in Betracht kommende Größe messen und das Meßergebnis durch eine Zahl ausdrücken können.

Wir definieren die sogenannte Ruhelänge einer Linie

zwischen zwei auf ihr liegenden Punkten K und L als die Zahl der sukzessiven Abtragungsoperationen, die mit dem genügend klein[1]) gewählten Einheitsmaßstab ausgeführt werden müssen, um mit dem Einheitsmaßstabe von einem Ende der zu messenden Länge zu ihrem anderen Ende zu gelangen. Wir erhalten auf diesem Wege die Länge der Linie zwischen zwei auf ihr liegenden Punkten K und L:

$$\breve{KL} = l$$

wenn wir den Einheitsmaßstab l mal abtragen müssen, um mit dem Einheitsmaßstab entlang der Linie von K bis L zu gelangen.

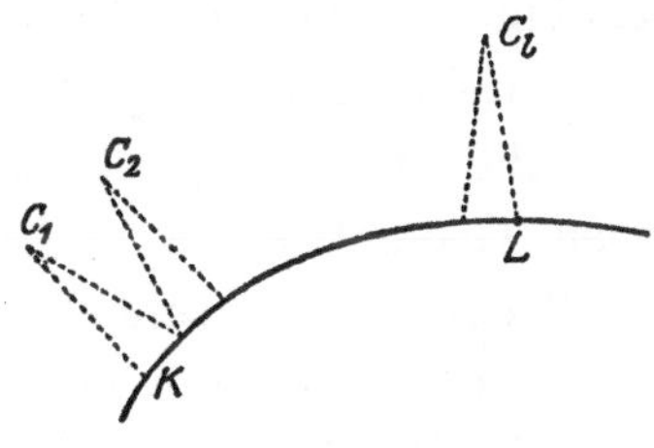

Abb. 2.

Wenn wir uns mit einem Inertialsystem verbunden denken und den Weltenraum von diesem System aus durch gleichbeschaffene Würfel mit der Kantenlänge $= 1$ (die Längeneinheit soll aber genügend klein[1]) gewählt werden) lückenlos ausgefüllt denken, dann können wir die Lage jedes Punktes mit einer der Ecken der auf- und nebeneinandergelagerten Würfel identifizieren. An jeder Ecke des Würfelsystems schneiden sich dann drei gerade Linien, die den Sätzen der Euklidischen Geometrie gemäß aufeinander senkrecht stehen. Eine

---

[1]) Der Einheitsmaßstab kann als genügend klein nur in dem Falle bezeichnet werden, wenn bei einer Verkürzung des Einheitsmaßstabes ums n-fache ($n =$ eine ganze Zahl), die Zahl der Abtragungsoperationen zwischen K und L entlang der Kurve KL mit genügender Annäherung gleich $n \cdot l$ zu setzen ist, so daß die Länge

$$\breve{KL} = n \cdot l \frac{1}{n} = l$$

praktisch unabhängig von der Wahl der Zahl n ausfällt.

dieser Ecken (z. B. die Ecke O) bezeichnen wir als Anfangspunkt der Koordination und die in diesem Punkte sich schneidenden und zueinander senkrechten Geraden bezeichnen wir als Koordinatenachsen, die wir, um sie voneinander zu unterscheiden, als X-, Y- bzw. Z-Achse bezeichnen wollen.

Es ist leicht einzusehen, daß man von O aus zu einer beliebigen Ecke des Würfelsystems gelangen kann, wenn man zunächst entlang der X-Achse x-Würfelkanten (demnach die Strecke x), dann parallel (im Sinne der Euklidischen Geometrie) der Y-Achse y-Würfelkanten (demnach die Strecke y) und schließlich parallel der Z-Achse z-Würfelkanten (demnach die Strecke z) zurücklegt.

Die Strecken x, y, z, die man gewöhnlich als Koordinaten des in Betracht kommenden Punktes bezeichnet, kann man in beliebiger Reihenfolge zurücklegen, ohne daß man dabei riskiert, an eine andere Würfelecke zu gelangen. Die Angabe der drei Koordinaten x, y und z eines Punktes innerhalb eines in bezug auf Anfangspunkt, Koordinatenachsen und Einheitsmaßstab gegebenen Inertialsystems ist demnach mit der Angabe der Lage des in Betracht kommenden Punktes äquivalent.

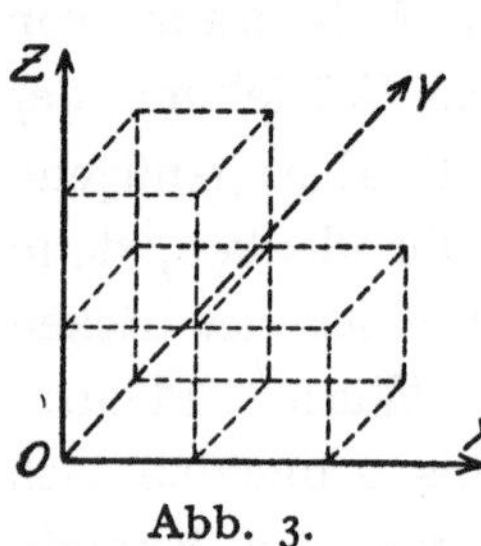

Abb. 3.

Bei einer nicht lückenlosen Ausfüllung des Raumes würde man, abgesehen von den Fällen, wo der in Betracht kommende Punkt sich in einer Lücke zwischen zwei „benachbarten" Würfeln befindet, bei den zurückgelegten Würfelkanten je nach der Reihenfolge des Zurücklegens der Koordinatenstrecken x, y, z zu verschiedenen Punkten des Raumes gelangen. Die Koordinaten x, y, z würden in diesem Falle ihren ursprünglichen Sinn als für je nur eine der Würfelecken charakteristische Merkmale verlieren.

Da man die Lage eines Punktes von einem üblichen Inertialsystem aus im allgemeinen durch drei Koordinaten charakterisiert, die sich von Punkt zu Punkt stetig ändern, so wird der Raum eines Inertialsystems als dreidimensionales Kontinuum bezeichnet. Auf einer Ebene kann man die Lage eines Punktes im allgemeinen durch zwei Koordinaten angeben und demnach würde die Ebene als zweidimensionales Kontinuum zu bezeichnen sein.

Jedes Punktsystem, das aus einer endlichen Anzahl von diskreten Punkten besteht, wie z. B. eine aus irgendeinem Buch herausgegriffene mit Buchstaben bedruckte Seite, kann in bezug auf die Lagerung der einzelnen Buchstaben je nach der Art der Abzählung (indem die Punkte des Systems auf einer durch alle Punkte hindurchgehenden Linie bzw. Fläche gelagert oder im Raume verteilt denkt) der Buchstaben als Punktsystem betrachtet werden, das in einem ein-, zwei- oder dreidimensionalen Kontinuum eingebettet ist.

Was die uns umgebende Welt betrifft, so wird in den Lehrbüchern über die Relativitätstheorie nachgewiesen, daß wir auf Grund der uns z. Z. bekannten Erfahrungstatsachen der Welt ein Kontinuum von nicht weniger als vier Dimensionen zuordnen müssen, und aus Einfachheitsgründen (Gründe der Ökonomie des Denkens) vorläufig nicht mehr als vier Dimensionen zuzuordnen geneigt sind.

Wir wollen an dieser Stelle das eben kurz angedeutete Problem nicht weiter besprechen und wollen jetzt die Frage über die physikalische Definition der Zeit und Zeitspannen innerhalb eines Inertialsystems näher ins Auge fassen, um so mehr, da diese Fragen im nächsten Konnex mit der Art der Verknüpfung der raumzeitlichen Elemente untereinander stehen, der man erst dann nähertreten kann, wenn man weiß, was man unter Zeit und Zeitspanne in der Physik versteht.

Wenn wir in einem Inertialsystem Zeit und Zeitspannen messen wollen, brauchen wir Uhren, und Uhren sind Dinge, die periodische Zustandsänderungen erfahren. Wenn wir imstande sind, anzugeben, wie die Zeit und Zeitspannen in einem Inertialsystem mit Hilfe von Uhren gemessen werden, dann sind die Begriffe von Zeit und Zeitspanne als physikalisch definiert zu betrachten.

Die Zahl der von einem bestimmten Zustand der Uhr an abgelaufenen vollen Perioden ihre Zustandsänderungen bezeichnet man als Zeit an demjenigen Orte des Inertialsystems, an dem sich die in Betracht kommende Uhr befindet.

Als typisches Beispiel einer Uhr kann unser Erdball erwähnt werden, der um seine Polachse praktisch periodisch ablaufende Rotationen ausführt. Diese Uhr hat den Nachteil, daß sie zu groß und demnach nicht genügend handlich ist. Man stellt deshalb Kopien von der Erduhr her, die mit der Erduhr synchron laufen und die man beliebig klein herstellen kann. Das sind die gewöhnlichen Uhren (Pendel- und Balancieruhren), die man so klein konstruiert denken kann, daß sie ein verschwindend kleines Volumen haben und in einem Punkte lokalisiert werden können. Als Periode einer Uhr wählt man gewöhnlich den 86400sten Teil eines mittleren Sonnentages und nennt dieses Zeitintervall eine Sekunde.

Die Uhren können so gebaut werden, daß man die Zahl der abgelaufenen Perioden oder, was laut Definition dasselbe ist, „die Zeit“ an der Stellung des Zeigers der Uhr unmittelbar ablesen kann.

Die eben gegebene physikalische Definition der Zeit,

die auf den Ort des Inertialsystems bezogen ist, an dem sich eine Uhr befindet, enthält aber keinesfalls die Definition einer Zeitspanne oder eines Zeitintervalles, der beim Aufbau des Systems der Physik neben der Definition der Zeit auch eine große Bedeutung zukommt.

Wir wollen jetzt diese Lücke in der physikalischen Definition der Zeit ausfüllen und Meßmethoden angeben, die uns die Möglichkeit geben werden, die Zeitspanne zwischen zwei:

1. an einem und demselben Orte des Inertialsystems stattfindenden Ereignissen und
2. an zwei verschiedenen Orten des Inertialsystems stattfindenden Ereignissen

durch eine Zahl eindeutig auszudrücken.

Die beiden Fälle wollen wir separat voneinander behandeln:

1. Wenn an einem bestimmten Ort A (x_A, y_A, z_A) desjenigen Inertialsystems, das als Bezugssystem gewählt ist, zwei nacheinander folgende Ereignisse stattfinden (Einchlagen eines Blitzes, Vorbeisausen einer Fliege u. dergl., dann definieren wir das Zeitintervall, das zwischen den beiden Ereignissen verflossen ist, durch die Anzahl von Perioden der im Punkte A lagernden Uhr U_A, die zwischen den beiden Ereignissen verflossen sind. Diese Anzahl von Perioden können wir an der Hand einer Zifferblattuhr als Differenz der den beiden Ereignissen zugeordneten Zeigerstellungen $(t_1)_A$ und $(t_2)_A$ am Zifferblatt der Uhr ablesen.

2. Viel schwieriger wird es für uns sein, eine Methode der Zeitintervallmessung anzugeben, die sich auf zwei räumlich getrennte Ereignisse bezieht, die innerhalb eines Inertialsystems wahrgenommen werden.

Denken wir uns eine unendliche Anzahl von gleichbeschaffenen (gleich schnellaufenden) Uhren, deren Zeigerstellungen von vornherein ganz willkürlich eingestellt sein können, angefertigt, die wir zu je einer an die verschiedenen Punkte unseres Inertialbezugssystems verteilen.

Die an verschiedenen Orten unseres Inertialbezugssystems lagernden Uhren haben noch eine willkürliche Anfangseinstellung der Zeiger.

Um diese Willkür auszuschalten, können wir die Uhren nach einer der Uhren des Systems regeln, so daß alle Uhren, wie man zu sagen pflegt, „gleichzeitig" die gleichen Zeigerstellungen haben. Dieses Regelungsverfahren der Uhren wollen wir als Synchronisierungsverfahren bezeichnen und es folgendermaßen physikalisch definieren.

Es sollen alle Uhren, die innerhalb des Inertialbezugssystems K verteilt sind, z. B. nach der Uhr U_O synchronisiert werden. Wenn wir die Uhr U_K des Inertialbezugssystems K nach der Uhr U_O desselben Systems synchronisieren wollen, dann suchen wir zunächst die Mitte M des Abstandes zwischen den beiden Uhren auf (Abb. 4).

Im Punkte M wollen wir uns eine punktförmige Sendestation von Mobilen eingebaut denken, die energetischer (falls in M sich z. B. eine Schall- oder Lichtquelle befinden sollte) oder materieller Art sein können (falls in M sich z. B. ein Käfig befinden sollte, aus dem Mücken oder Fliegen nach allen Richtungen herausfliegen), die aber derart gewählt werden soll, daß die den Punkt M verlassenden Mobile sich gradlinig und rundherum um ihren Ausgangspunkt M symmetrisch ausbreiten.

Als praktisch verwendbares Kriterium für die Auswahl einer punktförmigen Sendestation, die den von uns aufgestellten Bedingungen genügt, können wir z. B. folgendes Verfahren verwenden[1]:

---

[1]) Das seinem Aufbau nach als ein Analogon zu dem bekannten Michelsonschen Experiment aufzufassen ist.

Im Abstande l [1]) von der zu untersuchenden punktförmigen Sendestation M soll an verschiedenen Punkten eine große Anzahl mit M gleichgeschaffener punktförmiger Sendestationen M_1, M_2, ... M_n [2]) verteilt werden, wobei die letzteren so eingerichtet sein sollen, daß sie nur dann Mobile aussenden, wenn sie von einem Mobil derselben Art getroffen werden, die sie selber aussenden können (Abb. 5).

Es wird dann ein von M nach M_K angekommenes Mobil in M_K gleichartige Mobile auslösen, von denen eins von M_K nach M gehen würde. Die mit solchen Eigen-

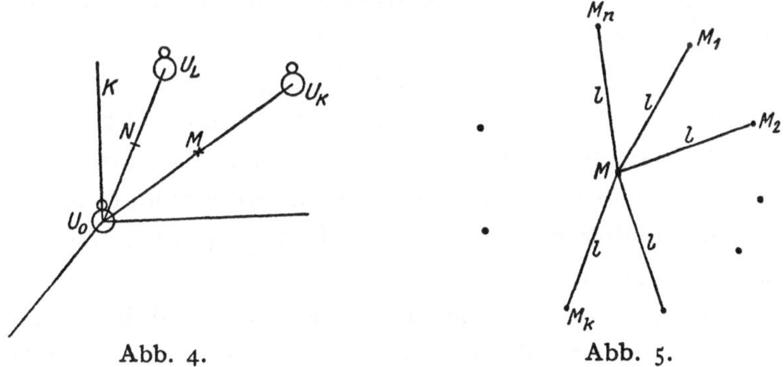

Abb. 4. Abb. 5.

schaften behaftete Sendequelle M_K würde in der Richtung $M \rightleftarrows M_K$ für die von M her kommenden Mobile eine ähnliche Rolle spielen wie ein Reflektionsspiegel, der senkrecht auf der Richtung $M M_K$ angebracht ist, in bezug auf einen von M und M_K sich ausbreitenden Lichtimpuls. Es soll außerdem die zu untersuchende Sendestation M, mit Rücksicht auf die Beschaffenheit unserer Sinnesorgane, so gebaut werden, daß jedesmal, wenn ein Mobil den Punkt M verläßt oder den Punkt M trifft, das in M sich befindende

[1]) Der Abstand l ist beliebig wählbar.

[2]) Die Sender sind in M_1, M_2 ... M_n in ganz beliebiger Orientierung zu befestigen.

beobachtende Auge ein momentanes Aufleuchten des Punktes M wahrnimmt.

Stellen wir uns vor, die Mobile aus M würden in allen Richtungen so losgelassen, daß das Auge in M nur ein einmaliges Aufleuchten des Punktes M beobachten würde. Die Mobile würden sich dann von M aus in allen Richtungen ausbreiten und die Reflektoren M_1, $M_2 \ldots M_n$ treffen, von denen gleichbeschaffene Mobile wieder zurückkehren würden. Wenn die in den Reflektoren ausgelösten Mobile die zu untersuchende Sendestation M so treffen, daß sie in M nur ein einmaliges Aufleuchten hervorrufen, dann behaupten wir, daß die Ausbreitung der in Betracht kommenden und von der punktförmigen Sendestation M stammenden Mobile im Raume eine in allen Richtungen symmetrische ist. Dieses Kriterium soll also die physikalische Definition des symmetrischen Ausbreitungscharakters von Mobilen sein, die von der punktförmigen Sendestation M stammen.

Ist dagegen nach bei der Emission der Mobile wahrgenommenem einmaligem Aufleuchten der Sendestation M bei irgendeiner Wahl der Strecke l oder bei irgendeiner Orientierung der Sendestationen in den Punkten M_1, M_2, $\ldots M_n$ mehr als ein Aufleuchten beobachtet worden (das kann durch Abzählen festgestellt werden), dann behaupten wir, daß die von der punktförmigen Sendestation M stammenden Mobile sich im Raume unsymmetrisch ausbreiten. Um die Uhren innerhalb eines Inertialbezugssystems synchronisieren zu können, müßten wir dann uns nach anderartigen punktförmigen Sendestationen umsehen, die eventuell eine symmetrische Ausbreitung der von ihnen stammenden Mobile aufweisen würden.

Von der punktförmigen Sendestation M (s. Abb. 4) soll nun eine momentane Emission der nach allen Richtungen symmetrisch sich ausbreitenden Mobile stattfinden. Die Ankunftszeiten der von M ausgesandten Mobile an den Orten, wo die Uhren U_O und U_K sich befinden, sollen nach den Zeigerstellungen der Uhren U_O und U_K

$$t_{sec} \text{ bzw. } (t + \tau)_{sec}$$

sein. Wir stellen jetzt den Zeiger der Uhr U_K um τ_{sec} zurück, und bezeichnen nun die Uhren U_K und U_O als untereinander geregelt oder, was dasselbe bedeuten soll, die beiden Uhren des Inertialbezugssystems K als synchronisiert.

Genau nach demselben Verfahren können wir auch alle anderen Uhren U_L, U_M, ..., die im Inertialbezugssystem K ruhen, nach der Uhr U_O regeln. Haben wir alle Uhren nach der Uhr U_O geregelt, dann nehmen wir an, daß alle Uhren U_L, U_M, ..., sich auch untereinander als schon geregelt erweisen würden.

Außerdem nehmen wir noch an, daß, wenn man die zu einem Inertialbezugssystem gehörigen Uhren nach einer der Uhren dieses Systems, z. B. der Uhr U_O geregelt hat, daß dann das Synchronisierungsergebnis unabhängig von der speziellen Art des Mobiles sein soll, wenn nur bei der Wahl der punktförmigen Sendestation der symmetrische Ausbreitungscharakter der Mobile gewahrt bleibt.

Das eben skizzierte Verfahren gibt uns die Möglichkeit, alle in einem Inertialbezugssystem lagernden Uhren zu einem Uhrensystem zusammenzufassen, in welchem jede einzelne Uhr mit allen übrigen Uhren desselben Uhrensystems synchronisiert ist.

Bei diesem Synchronisierungsverfahren bleibt nur die Zeigerstellung einer einzigen Uhr im Uhrenkomplex des in Betracht kommenden Inertialbezugssystems willkürlich wählbar, und zwar die Zeigerstellung derjenigen Uhr, nach der alle anderen Uhren des Systems geregelt werden.

Wenn wir jetzt an zwei verschiedenen Orten eines Inertialbezugssystems, das mit gleichbeschaffenen und (nach dem uns bekannten Verfahren) synchronisierten Uhren ausgerüstet ist, je ein Ereignis und die am Ort des Ereignisses sich befindende Uhr beobachten, so sind wir imstande, jedem der beiden Ereignisse je eine Zeigerstellung der am selben Ort sich befindenden Uhr zuzuordnen. Diese Zeigerstellungen wollen wir als diejenigen Zeitpunkte t_1 bzw. t_2 bezeichnen, in denen das eine bzw. das andere Ereignis an dem einen bzw. dem anderen Ort des in Betracht kommenden Inertialbezugssystems stattgefunden hat.

Ist $t_1 = t_2$, dann sagen wir, die beiden Ereignisse sind, vom Inertialbezugssystem K aus beurteilt, gleichzeitig wahrgenommen worden. Das ist die physikalische Definition der Gleichzeitigkeit.

Ist $t_1 > t_2$, dann sagen wir, das erste Ereignis findet, vom Inertialbezugssystem K aus beurteilt, später statt als das zweite, und zwar um $(t_1 - t_2)_{sec}$.

Ist $t_1 < t_2$, so sagen wir, das erste Ereignis findet, vom Inertialsystem K aus beurteilt, früher statt als das zweite, und zwar um $(t_2 - t_1)_{sec}$.

Den absoluten Wert von $(t_2 - t_1)$ bezeichnen wir als Größe des Zeitintervalles, das, vom Inertialsystem K aus beurteilt, zwischen den beiden in Betracht kommenden, im allgemeinen räumlich getrennten, Ereignissen verflossen ist.

Soviel über die physikalische Definition der Begriffe „gleichzeitig“, „früher“ und „später“ und über den physikalischen Sinn des Begriffes eines „Zeitintervalles“ von zwei räumlich getrennten Ereignissen, insofern sie sich auf ein bestimmtes Inertialsystem beziehen, von dem aus die in Betracht kommenden Ereignisse beobachtet werden.

6. Zwei voneinander isolierte Welten können miteinander zeitlich nicht verknüpft werden.

Wir haben gesehen, daß zur physikalischen Definition des Begriffes eines Zeitintervalles zwischen zwei räumlich getrennten Ereignissen wir ein Ausbreitungsphänomen benötigen, das die an den beiden Orten sich befindenden Uhren zu synchronisieren gestattete. Wären zwischen den beiden in Betracht kommenden Orten eine für alle möglichen Mobile undurchdringliche Wand vorhanden, so daß kein Mobil von dem Ort eines Ereignisses der Welt I zum Ort eines Ereignisses der Welt II gelangen könnte, dann wäre es unmöglich, die beiden Ereignisse miteinander zeitlich zu verknüpfen.

Wenn wir z. B. zwei Welten hätten, die voneinander durch eine für alle möglichen Mobile undurchdringliche Hülle getrennt wären, dann wären wir, wenn uns jemand auch die Mitte M der Strecke angeben würde und wir in M eine beliebige Sendestation eingebaut hätten, doch nicht imstande, irgendein Mobil von M aus nach den Lagerungsorten der **beiden** Uhren zu bringen. Das Synchronisierungsverfahren wäre in diesem Falle illusorisch, und es hätte demnach auch keinen physikalischen Sinn, zu behaupten, daß ein Ereignis der Welt I später oder gleichzeitig mit einem Ereignis der Welt II stattgefunden hätte. Die beiden Welten wären miteinander im physikalischen Sinne dieser Worte zeitlich nicht zu verknüpfen.

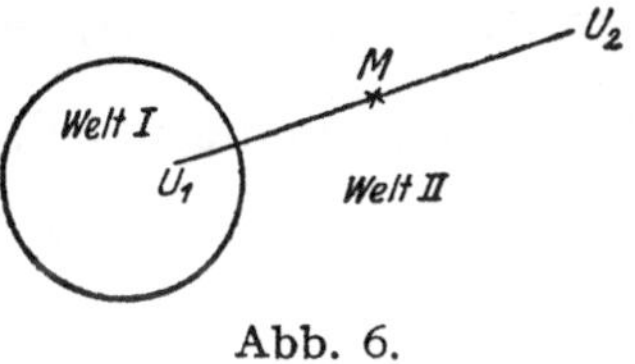

Abb. 6.

7. Ältere „physikalische" Definitionen der Zeit.

Um die Schärfe der Einsteinschen Zeitdefinition im Gegensatz zu den bis zum Anfang des 20. Jahrhunderts üblichen „Zeitdefinitionen" hervorzuheben, wollen wir nur kurz erwähnen, wie man in den Vor-Einsteinschen Zeiten die Regelung der Uhren und demnach auch die physikalische Definition der Zeit vornahm.

Wenn man (s. Abb. 4 auf S. 21) z. B. die Uhr U_K eines Inertialbezugssystems nach der Uhr U_O desselben Systems regeln wollte, dann ließ man von U_O zur Zeit der Zeigerstellung t_O der Uhr U_O z. B. eine Schallwelle ausgehen, deren Ausbreitungsgeschwindigkeit v in der Richtung $U_O\,U_K$ bekannt sein sollte. Dann las man den Zeiger am Uhr U_K die Zeit t_K der Ankunft des Schallimpulses ab, maß den Abstand l zwischen der Uhr U_O und U_K und stellte dann den Zeiger der Uhr U_K so ein, daß bei einer Wiederholung desselben Experiments die Differenz $t_K - t_O$ gleich $\frac{l}{v}$ wurde.

Die Uhren U_O und U_K galten dann als geregelt und auf dieser „Grundlage" konnte man, auf demselben Wege wie wir es schon einmal durchgeführt hatten, die physikalischen Begriffe der Gleichzeitigkeit zweier räumlich getrennten von einem Inertialsystem K aus beobachteten Ereignisse und auch die Begriffe „früher" und „später" aufbauen. Auch konnte man die Größe eines Zeitintervalles zwischen zwei räumlich getrennten Ereignissen festsetzen.

Diese „Definition" des physikalischen Zeitbegriffes ist aber nicht einwandfrei, und zwar aus dem Grunde, daß wir beim Aufbau des physikalischen Zeitbegriffes die Größe der Ausbreitungsgeschwindigkeit v des Mobiles (z. B der Schallwelle) als bekannt vorausgesetzt hatten. Geschwindigkeit aber ist bekanntlich $\frac{Länge}{Zeit}$ und demnach läßt sich v erst dann aus Messungen finden, wenn die physikalischen Begriffe der Länge und der Zeit uns schon gegeben sind. Wir haben demnach bei der früher allgemein verbreiteten „Definition“ der Zeit uns einer Größe bedient, die man erst dann kennt, wenn die Zeit schon definiert ist. Wir sind hier in einen Circulus vitiosus gekommen, der im besten Falle zu einer Scheindefinition der Zeit führen kann, die als Definition der Zeit nur solange existieren kann, als man den Circulus vitiosus nicht merkt oder nicht merken will.

Man hatte auch noch andere Verfahren zur Regelung von gleichbeschaffenen Uhren innerhalb eines Inertialbezugssystems vorgeschlagen, von denen einer besonders erwähnenswert ist:

Wenn man alle Uhren des Inertialbezugssystems K nach einer dieser Uhren, z. B. der Uhr U_O, regeln will, dann bringe man alle Uhren des Inertialsystems K an den Ort, wo die Uhr U_O sich befindet, und stelle dort alle Uhren nach der Uhr U_O ein.

Bringt man dann alle Uhren wieder an ihre ursprüngliche Stellung im Inertialsystem zurück, so sollen sie angeblich im selben Sinne untereinander geregelt sein, wie wir es auf Grund des Einsteinschen Verfahrens erzielt hätten. Man vergißt aber dabei, daß dieses Regelungsverfahren der Uhren auf einer stillschweigenden Annahme beruht: nämlich auf der Annahme, daß der Gang einer Uhr während des Transportes der Uhr von U_O bis U_K sich nicht ändert. Dies aber ist eine völlig unbewiesene, also für uns nicht brauchbare Annahme[1]).

[1]) Deren Unbrauchbarkeit durch die allgemeine Relativitätstheorie nachgewiesen wurde.

8. Der Begrff der Geschwindigkeit in einem Inertialbezugssystem als physikalischer Begriff.

Wir brauchen es hier nicht speziell nachzuweisen, daß, nachdem die physikalischen Begriffe der Zeit (und demnach auch eines unendlich kleinen Zeitintervalles dt) und der Länge (und demnach auch eines Differentiales ds des von einem Punkte in der Zeit dt zurückgelegten Weges) in einem Inertialsystem festgesetzt sind, daß dann automatisch auch alle aus diesen Größen abgeleiteten Größen, wie z. B. Geschwindigkeit $\left(\frac{dx}{dt}, \frac{dy}{dt}, \frac{dz}{dt}\right)$ physikalisch als mitdefiniert zu betrachten sind.

9. Einige neue Eigenschaften der Inertialsysteme, die man als aus der Erfahrung abgeleitet betrachten kann.

Nachdem wir innerhalb eines der Inertialsysteme, das wir als Bezugssystem gewählt hatten, die Begriffe von Ruhelänge und Zeitintervall physikalisch definiert haben, können wir die Gesamtheit aller Inertialsysteme näher ins Auge fassen.

Die Erfahrung würde uns zeigen, daß alle Inertialsysteme relativ zum Inertialsystem, das wir als Bezugssystem gewählt haben, sich mit konstanten Geschwindigkeiten translatorisch, d. h. ohne dabei Rotationen relativ zum ursprünglichen Bezugssystem auszuführen) fortbewegen. Außerdem würde die Erfahrung zeigen, daß ein kräftefreier Massenpunkt sich relativ zu jedem Inertialsystem, das wir als Bezugssystem gewählt haben, gradlinig, mit konstanter Geschwindigkeit, fortbewegen würde (der Galileische Trägheitssatz). Dieser Eigenschaft verdanken die Inertialsysteme (da bekanntlich Inertia dasselbe bedeutet wie Trägheit) ihren Namen.

10. Über die Relativität der Zeit.

Mit demselben Recht, mit dem wir das Inertialsystem K als Bezugssystem gewählt hatten, können wir jedes andere Inertialsystem, das wir mit K' bezeichnen wollen, als Bezugssystem wählen, denn keines der Inertialsysteme ist vor den übrigen Inertialsystemen bis jetzt von uns irgendwie ausgezeichnet worden.

Im Inertialsystem K' können wir genau nach denselben Rezepten wie im Inertialsystem K die Ruhelänge und das Zeitintervall mit Hilfe der von K aus nach K' übertragenen Einheitsmaßstäbe und Uhren physikalisch definieren.

Wenn wir im Inertialsystem K zur Regelung der Uhren z. B. eine von einer punktförmigen Quelle sich ausbreitende Schallwelle verwenden können (in diesem Falle müssen die Schallwellen im Inertialbezugssystem K nach allen Richtungen eine symmetrische Ausbreitung zeigen), so wären wir im Inertialsystem K' im allgemeinen nicht mehr imstande, dasselbe Mobil (in diesem Falle Schallwellen) zur Regelung der in K' ruhenden Uhren zu verwenden, da die im System K zur Regelung der Uhren verwendbare Schallwelle im System K', wie die Erfahrung es zeigen würde, keine symmetrische Ausbreitung aufweisen würde und demnach zur Regelung der K'-Uhren keine Verwendung finden könnte.

Wir wären dann gezwungen, zur Regelung der K'-Uhren uns nach einem andern Ausbreitungsphänomen im System K' umzusehen. Falls es uns z. B. gelungen wäre, im System

K' einen in allen Richtungen symmetrisch sich ausbreitenden Revolverkugelschwarm zu beobachten, der von einem vielrohrigen punktförmigen Revolver (Sendestation) abgeschossen wird, dann könnten wir dieses Phänomen zum Regeln der Uhren innerhalb des Inertialsystems K' verwenden.

Demnach wären die Uhren im System K z. B. nach Schallwellen und die Uhren im System K' z. B. nach abgeschossenen Revolverkugeln geregelt.

Zwei räumlich getrennte Ereignisse könnten dann von beiden Bezugssystemen K und K' aus beobachtet und zeitlich eingeschätzt werden.

Es sollen die Meßergebnisse des Zeitintervalles zwischen den beiden Ereignissen nach den Uhren des Systems K durch die Zahl $t_2 - t_1$ und nach den Uhren des Systems K durch die Zahl $t_2' - t_1'$ ausgedrückt werden.

Da die Uhren innerhalb der beiden Inertialsysteme einmal mit Hilfe von Schallwellen, das andere Mal mit Hilfe von Revolverkugeln geregelt wurden, so haben wir, solange die beiden zur Regelung der Uhren verwendeten Ausbreitungsphänomene voneinander unabhängig sind und, soweit es sich um das bis jetzt verwendete Material handelt, keinen Grund, anzunehmen, daß $t_2 - t_1$ gleich $t_2' - t_1'$ ist, wie es in allen Vor-Einsteinschen Relativitätstheorien, manchmal stillschweigend, manchmal aber auch ganz offen, als etwas Selbstverständliches angenommen wurde.

Die Frage über die tatsächliche Beziehung zwischen $t_2 - t_1$ einerseits und $t_2' - t_1'$ andererseits müssen wir vorläufig offen lassen. Die Lösung dieser Frage kann nur durch Heranziehen neuer bis jetzt noch nicht verwendeter Erfahrungssätze und der darauf aufgebauten rechnerischen Operationen erfolgen und die Erfahrung führt uns tatsächlich zu dem Schluß, daß

$$t_2 - t_1 \neq t_2' - t_1'$$

ist und daß demnach die Zeitdauer zwischen zwei räumlich getrennten Ereignissen von der Wahl des Bezugssystems abhängig ist und demnach keine absolute[1]) Größe ist. In diesem Sinne wird in der Relativitätstheorie von der Relativität der Zeit gesprochen. Wenn z. B. $t_2 = t_1$ ist, d. h. die beiden räumlich getrennten Ereignisse vom Standpunkte des Systems K gleichzeitig sind, so braucht t_2' nicht gleich t_1' zu sein, d. h. dieselben Ereignisse erscheinen vom Standpunkt des Systems K' als nicht gleichzeitig. In diesem Sinne wird in der Relativitätstheorie auch von der Relativität der Gleichzeitigkeit gesprochen.

Bevor wir das empirische Material näher ins Auge fassen, aus dem wir später durch eine Reihe mathematischer Umformungen die Relativität der Zeit ableiten werden, wollen wir uns mit der Frage über die Relativität der Längenmeßergebnisse beschäftigen.

II. Die Relativität der Längenmeßergebnisse.

In den Fällen, wo wir bis jetzt von Längen gesprochen haben, war stets von Ruhelängen die Rede, d. h. es wurden Längen z. B. von Stäben gemessen, die relativ zum Inertialbezugssystem ruhten. Unter Ruhelänge verstand man die Zahl der sukzessiv ausgeführten Abtragungsoperationen eines Einheitsmaßstabes, die dazu notwendig sind, um mit dem Einheitsmaßstab von einem bis zum anderen Ende des zu messenden Dinges zu gelangen. Diese Abtragungsoperationen des Einheitsmaßstabes konnte man in aller Ruhe vornehmen, ohne zu befürchten, daß durch eine

[1]) „Absolut" = losgelöst von einschränkenden Bedingungen. Hier ist die Wahl des Bezugssystems die in Betracht kommende einschränkende Bedingung.

langsamer oder schneller ausgeführte Meßoperation das Maßergebnis irgendwie beeinflußt sein könnte.

Es kommt aber vor, daß man von einem Inertialsystem aus Längen von Körpern zu messen hat, die relativ zum Inertialbezugssystem nicht ruhen, wie es z. B. der Fall wäre, wenn wir den Abstand zwischen zwei an uns vorbeisausenden α-Teilchen zu messen hätten.

Wenn wir die Länge eines bewegten Körpers physikalisch definieren wollen, müssen wir ein Verfahren angeben, nach dem die Länge eines bewegten Körpers von dem in Betracht kommenden Inertialbezugssystem gemessen werden kann.

Wenn z. B. die Länge eines relativ zum Bezugssystem K bewegten gradlinigen Stabes zu messen ist, so wollen wir folgendermaßen verfahren (physikalische Definition der Länge eines bewegten Stabes):

An jedem Ort des Systems K denke man sich je einen Beobachter und je eine Uhr. Allen Beobachtern des Systems K wird der Befehl gegeben, zu einer nach den Uhren des Systems K bestimmten Zeit (z. B. genau um 12 Uhr) aufzupassen, ob zu dieser Zeit eines der beiden Enden des Stabes an der Uhr vorbeisaust. Sollte ein Beobachter zur verabredeten Zeit ein Stabende an sich vorbeisausen sehen, so soll er das an seinem Ort irgendwie (z. B. durch ein Kreuz) markieren.

In dieser glücklichen Lage, den eigenen Ort zur angegebenen Zeit durch ein Kreuz markieren zu dürfen, werden nur zwei Beobachter sein, und zwar diejenigen, an denen zur verabredeten Zeit das eine bzw. das andere Ende des Stabes vorbeigegangen ist. Der Abstand zwischen den beiden Marken soll dann in Ruhe nachgemessen werden und soll als die vom Inertialbezugssystem K aus gemessene Länge des bewegten Stabes bezeichnet werden. Dieses

Rezept ist als physikalische Definition der Länge eines bewegten Stabes, die von einem Inertialsystem K aus gemessen wird, aufzufassen.

Wenn wir die beiden Definitionen der Ruhelänge l eines Stabes und der Länge l' desselben Stabes, die von einem relativ zum Stabe bewegten System gemessen wird, miteinander vergleichen, so sehen wir, daß die Definition der Ruhelänge eines Stabes ganz unabhängig von der Zeitdefinition bzw. der Definition der Gleichzeitigkeit ist; dagegen ist die Definition der Länge eines relativ zum Bezugssystem K bewegten Stabes davon abhängig, wie die Uhren im System K geregelt sind.

Da wir die Frage über die Relativität der Zeit auf Grund der bis jetzt von uns benutzten Tatsachen offen lassen mußten, so müssen wir im Zusammenhang mit der event. Relativität der Zeit auch die Frage über die funktionale Beziehung zwischen l' und l offen lassen.

Gewisse Erfahrungstatsachen werden uns zu dem Schluß führen, daß im allgemeinen nicht nur

$$t_2' - t_1' \neq t_2 - t_1$$

ist, sondern auch

$$l' \neq l$$

ist, d. h., daß auch die Länge in der Physik eine relative Größe ist, die davon abhängig ist, von welchem Bezugssystem aus sie gemessen wird.

12. Die empirischen Grundlagen der speziellen Relativitätstheorie.

Das empirische Tatsachenmaterial, aus dem sich die qualitative sowie auch die quantitative Seite der Relativität der raumzeitlichen Meßergebnisse folgern läßt, kann man in zwei aus der Erfahrung herauskristallisierten Sätzen zusammenfassen. Der erste ist das sog. spezielle[1]) Relativitätsprinzip. Dieses Prinzip behauptet die Unabhängigkeit der Formulierung aller Naturgesetze von der speziellen Wahl des Inertialbezugssystems. Der zweite Satz ist das Prinzip der Konstanz der Vakuumlichtgeschwindigkeit. Hiernach soll die Ausbreitungsgeschwindigkeit des Lichts im Vakuum unabhängig von der Wahl des Inertialbezugssystems und stets gleich $c = 3 \cdot 10^{10} \frac{\text{cm}}{\text{sec}}$ sein.

Die Behauptung des Prinzips der Konstanz der Vakuumlichtgeschwindigkeit läuft also darauf hinaus, daß das Gesetz der Lichtausbreitung im Vakuum ein Naturgesetz ist.

Das spezielle Relativitätsprinzip ist ein äußerst plausibles Prinzip, von dessen Gültigkeit wir uns auf jeder Eisenbahn- bzw. Dampferfahrt überzeugen können, wenn wir physikalische Gesetze auf Grund von Meßergebnissen aufstellen würden, die einmal auf einem gradlinig und gleichförmig fahrenden Zuge und das andere Mal auf der „ruhenden“ Erdoberfläche gefunden worden sind.

Wir würden feststellen, daß die auf diese Weise aufgestellten physikalischen Gesetze (z. B. Fallgesetze für schwere Körper) von den beiden Beobachtern eine gleiche Formulierung erhalten würden, wie es auch nach dem speziellen Relativitätsprinzip zu erwarten ist.

Viel revolutionärer scheint das Prinzip der Konstanz der Vakuumlichtgeschwindigkeit zu sein.

Stellen wir uns im Vakuum ein Inertialbezugssystem

---

[1]) Die Bezeichnung „spezielles“ Relativitätsprinzip rührt davon her, daß bei allen Beobachtungen und Messungen, die auf dem Boden der speziellen Relativitätstheorie ausgeführt werden, ausschließlich Inertialsysteme als Bezugssysteme in Betracht kommen.

vor, in welchem ein Lichtimpuls sich von einem Punkt O des Inertialsystems nach allen Richtungen mit gleicher Ausbreitungsgeschwindigkeit c ausbreiten soll. Dieses Inertialsystem würden wir dann mit Recht als „im Äther ruhend" bezeichnen können. Wenn wir neben diesem Inertialsystem ein anderes Inertialsystem wählen, das sich relativ zum ursprünglichen Inertialsystem mit einer konstanten Geschwindigkeit von etwa $^3/_4\, c$ bewegt, so hätten wir, dem „gesunden Menschenverstand" folgend, der uns schon so oft auf Irrwege geführt hat, scheinbar alle Gründe, anzunehmen, daß die Ausbreitungsgeschwindigkeit des Lichtimpulses in der Bewegungsrichtung des bewegten Bezugssystems, vom bewegten System aus beurteilt, $^1/_4\, c$ und in der entgegengesetzten Richtung $^7/_4\, c$ ist.

Alle bis jetzt ausgeführten Versuche, die darauf hinzielten, in dem eben erwähnten Falle eine Dissymmetrie in der Ausbreitung eines Lichtimpulses im Vakuum durch Messungen festzustellen, haben zu keinem positiven Ergebnis geführt. Besonders ist hier das berühmte Michelson-Morleysche Experiment zu erwähnen, das unzweideutig gezeigt hat, daß der leere Raum in bezug auf die Lichtausbreitung für jeden Inertialbezugssystembeobachter isotrop ist.

In der eben skizzierten Form ist das bisher negative Ergebnis der erwähnten Versuche, die man auch als Ätherwindversuche zu bezeichnen pflegt, eine historische Tatsache. Die Unmöglichkeit, den Ätherwind zu beobachten, kann man nicht beweisen, genau so wie die Unmöglichkeit eines beliebigen anderen physikalischen Dinges (wie z. B, eines perpetuum mobile erster oder zweiter Art) nicht bewiesen werden kann. Wenn es auch in mehreren Dutzenden von Versuchen bis jetzt nicht gelungen ist, den Ätherwind wahrzunehmen, oder ein perpetuum mobile zu bauen, so kann jeder mit einer genügenden Portion von Skepsis bewaffnete Physiker annehmen, daß es uns mit der Zeit mit Hilfe von irgendwelchen bis jetzt unbekannten physikalischen Systemen gelingen könnte, den Ätherwind zu beobachten oder ein perpetuum mobile zu bauen.

Die Unmöglichkeit, einen Ätherwind zu beobachten, wie auch die Unmöglichkeit, ein perpetuum mobile zu bauen, kann zwar nicht bewiesen werden, sie kann aber postuliert werden.

Einstein war der erste, der vorgeschlagen hat, die Unmöglichkeit eines Ätherwindversuches mit positivem Ergebnis zu postulieren und als zweites Fundament, neben dem des speziellen Relativitätsprinzips, für den Aufbau der Relativitätstheorie zu verwenden Er kleidete dieses Postulat in eine Form, die für die Aufstellung der Transformationsformeln der raumzeitlichen Meßergebnisse (die sich schließlich in den sog. Lorentztransformationsformeln zusammenfassen lassen) besonders geeignet war, nämlich in die Form des sog. Prinzips der Konstanz der Vakuumlichtgeschwindigkeit.

13. Die Lorentztransformation.

Die beiden aus der Empirie auskristallisierten Grundsätze der speziellen Relativitätstheorie: 1. das spezielle Relativitätsprinzip und 2. das Prinzip der Konstanz der Vakuumlichtgeschwindigkeit führen uns, wenn wir die mathematischen Ausdrücke der beiden Sätze einer Reihe von Umformungen unterwerfen, zu den Formeln der sog. Lorentztransformation, die uns die Möglichkeit geben, die raumzeitlichen Koordinaten x, y, z, t eines Ereignisses, wie sie von einem Inertialsystem K gemessen worden sind, mit den raumzeitlichen Koordinaten x', y', z', t' desselben

Ereignisses, wie sie von einem anderen Inertialsystem K' gemessen sind, miteinander zu verknüpfen.

Die Formeln der Lorentztransformation kann man nach Einstein (S. 78, A. Einstein, Über die spezielle und allgemeine Relativitätstheorie. Gemeinverständlich. 7. Auflage) folgendermaßen ableiten:

Es seien zwei Inertialbezugssysteme K und K' gegeben, deren x-Achsen miteinandcr dauernd zusammenfallen und die im Raume so orientiert sind, daß die y- bzw. z-Koordi-

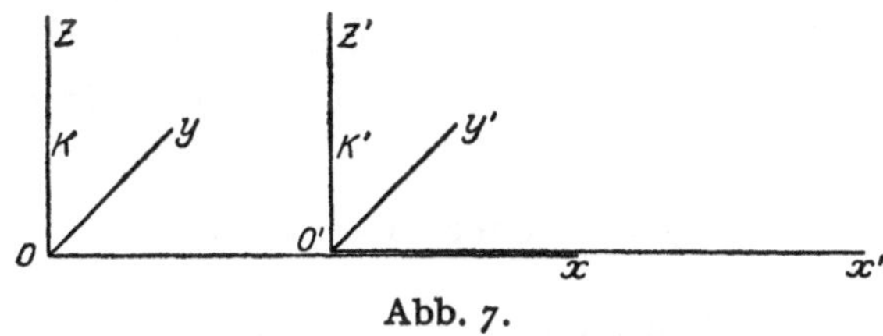

Abb. 7.

natenachsen des einen (K) Systems mit der y'- bzw. z'-Koordinatenachse des anderen (K') Systems parallel sind.

Das Bezugssystem K' soll sich relativ zum System K mit der konstanten Geschwindigkeit v entlang der gemeinsamen x- bzw. x'-Achse bewegen, d. h. es soll z. B. für den Punkt O' ($x' = 0$, $y' = 0$, $z' = 0$) $x = vt$ sein.

Wir wollen die beiden in den Anfangspunkten

O ($x = 0$, $y = 0$, $z = 0$) und O' ($x' = 0$, $y' = 0$, $z' = 0$)

lagernden gleichbeschaffenen Uhren so einstellen, daß die dem Ereignis des Zusammentreffens beider Anfangspunkte O und O' zugeordneten Zeigerstellungen an den beiden in Betracht kommenden Uhren als $t = 0$ und $t' = 0$ abgelesen werden sollen.

In diesem Falle würde ein im System K durch die Koordinaten

$$x = 0, \quad y = 0, \quad z = 0, \quad t = 0$$

gegebenes Ereignis, im System K' die Koordinaten

$$x' = 0, \quad y' = 0, \quad z' = 0, \quad t' = 0$$

haben müssen.

Es sei im Anfangspunkt $x = 0$, $y = 0$, $z = 0$ zur Zeit $t = 0$ (in diesem Moment befindet sich auch der Anfangspunkt O' des System K' im Punkt O) ein Lichtblitz erzeugt.

Für den Lichtimpuls, der sich vom Ort O bzw. O' der Erzeugung des Lichtblitzes entlang der positiven x-Achse fortpflanzt und der sich im Abstand x vom Anfangspunkt O des Systems K befindet, muß laut dem Prinzip der Konstanz der Vakuumlichtgeschwindigkeit, wenn an der am selben Ort des Systems K lagernden Uhr die Zeigerstellung t abgelesen wird,

$$\frac{x}{t} = c \quad \text{oder} \quad x - ct = 0$$

sein. Für denselben Lichtimpuls, falls wir ihn vom Inertialsystem K' beobachten, muß laut demselben Prinzip der Vakuumlichtgeschwindigkeit

$$\frac{x'}{t'} = c \quad \text{oder} \quad x' - ct' = 0$$

sein.

Wenn wir am Orte x auf der x-Achse des Inertialbezugssystems K ein anderes Ereignis, (z. B. das Vorbeisausen einer Fliege) und die diesem Ereignis zugeordnete Zeigerstellung t der an dem in Betracht kommenden Orte des Systems K lagernden Uhr beobachten, dann wird im allgemeinen

$$x - ct \neq 0$$

sein, solange es sich um ein Ereignis handelt, das raumzeitlich mit dem zur Zeit $t = 0$ vom Anfangspunkt O des Koordinatensystems K sich ausbreitenden Lichtimpuls nicht zu identifizieren ist. Es wird dann im allgemeinen auch $x' - ct' \neq 0$ sein.

Sollte es sich aber bei dem in Betracht kommenden Ereignis um den Durchgang des zur Zeit $t = 0$ von O aus sich ausbreitenden Lichtimpulses handeln, dann muß nicht nur $x - ct$, sondern auch $x' - ct'$ identisch gleich o werden.

Es muß mit anderen Worten die Beziehung zwischen x, t einerseits und x', t' andererseits so gestaltet sein, daß für die Ausbreitung eines zur Zeit $t = 0$ den Punkt O verlassenden und entlang der x-Achse sich fortpflanzenden Lichtimpulses das Nullwerden von $x - ct$ das Nullwerden von $x' - ct'$ zur Folge haben muß.

Aus gewissen Gründen, die wir in den nächsten Zeilen auseinandersetzen werden, wollen wir die Beziehung zwischen x, t einerseits und x', t' andererseits als linear vorauszusetzen.

Würden wir einen nichtlinearen Charakter dieser Beziehung als zulässig betrachten, dann würde eine raumzeitliche Koordinatentransformation von x, t nach x', t' und dann von x', t' nach x'', t'' (x'' und t'' sind raumzeitliche Meßergebnisse, die am selben Ereignis, aber von einem relativ zu K' entlang der x'-Achse mit der konstanten Geschwindigkeit v' bewegten Inertialbezugssystem K'' beobachtet wurden) zu Beziehungen zwischen x, t und x'', t'' führen, die nicht von derselben Art wären, wie die Beziehungen zwischen x, t und x', t'.

Wenn wir aber an der Forderung festhalten wollen, daß eine Reihe sukzessiv ausgeführter Transformationen von der gesuchten Art, einer einzigen Transformation von derselben Art äquivalent sein soll, dann sind wir gezwungen, zwischen x, t einerseits und x', t' andererseits eine lineare Beziehung vorauszusetzen.

Wenn mit dem Nullwerden von $x - ct$ auch $x' - ct'$ gleich o werden muß, dann ist bei der Aufrechterhaltung des linearen Charakters der gesuchten Transformationsformeln für beliebig gewählte Ereignisse:

$$x' - ct' = \lambda(x - ct) \quad \ldots\ldots\ldots \quad (1)$$

zu setzen, wo λ eine Konstante ist, die weder x, t noch x', t' enthalten darf.

Würden wir die Bedingung der Linearität der gesuchten Transformationsformeln fallen lassen, dann könnten wir z. B.

$$(x' - ct')^m = \lambda(x - ct)^n$$

oder auch

$$\sin(x' - ct') = \lambda(x - ct)^m$$

u. dgl. setzen.

Es wäre dann unmöglich, eine eindeutige und für die Physiker brauchbare Lösung des Problems aufzustellen.

Eine ganz analoge Betrachtung, angewandt auf den längs der negativen x- bzw. x'-Achsen sich fortpflanzenden Lichtimpuls, liefert analoge Beziehungen zwischen x und t bzw. x' und t':

$$\frac{x}{t} = -c \text{ oder } x + ct = 0 \text{ und } \frac{x'}{t'} = -c \text{ oder } x' + ct' = 0.$$

Für x, t, x', t', die sich auf beliebig gewählte Ereignisse beziehen (nicht nur bloß auf das Vorbeischreiten des von O bzw. O' zur Zeit $t = 0$ bzw. $t' = 0$ ausgesandten Lichtimpulses) muß bei Aufrechterhaltung der Forderung über den linearen Charakter der Beziehung zwischen x, t und x', t' in Analogie mit (1)

$$x' + ct' = \mu(x + ct) \text{ gesetzt werden.} \quad (2)$$

Aus (1) und (2) folgt dann, wenn wir

$$\frac{\lambda + \mu}{2} = a \text{ und } \frac{\lambda - \mu}{2} = b$$

bezeichnen:

$$x' = ax - bct \quad \ldots\ldots\ldots \quad (3)$$

$$ct' = act - bx \quad \ldots\ldots\ldots \quad (4)$$

Die Konstanten a und b lassen sich folgendermaßen berechnen:

Da der Anfangspunkt O' ($x'=0$, $y'=0$, $z'=0$) des Inertialbezugssystems K' sich laut Voraussetzung mit der konstanten Geschwindigkeit v entlang der x-Achse bewegen soll, so muß für $x'=0$, $y'=0$, $z'=0$

$$x=vt \quad \ldots\ldots\ldots\ldots \quad (5)$$

sein. Aus (3) folgt aber für $x'=0$, $y'=0$, $z'=0$:

$$x=\frac{bc}{a}\cdot t \quad \ldots\ldots\ldots\ldots \quad (6)$$

Durch den Vergleich von (5) und (6) ergibt sich:

$$v=\frac{bc}{a} \quad \ldots\ldots\ldots\ldots \quad (7)$$

Ferner ist nach dem Relativitätsprinzip klar, daß die von K aus beurteilte Länge eines relativ zu K' entlang der x'-Achse ruhenden Einheitsmaßstabes genau dieselbe sein muß wie die von K' aus beurteilte Länge eines relativ zu K entlang der x-Achse ruhenden Einheitsmaßstabes.

Wenn wir die Länge des Einheitsmaßstabes, der in K' ruht, von K aus beurteilen wollen, müssen wir von K aus eine „Momentaufnahme" vom Stabe machen, indem wir z. B. zur Zeit $t=0$ (nach den Uhren des Systems K) die Koordinaten x_2 und x_1 der beiden Enden des Einheitsmaßstabes laut (3) berechnen:

$$\begin{array}{l} x_2'=a x_2, \\ x_1'=a x_1 \\ \hline x_2'-x_1'=a(x_2-x_1) \end{array} \quad \ldots\ldots\ldots \quad (8)$$

Da $x_2'-x_1'$ in unserem Falle $=1$ zu setzen ist (x_2' und x_1' sind die Koordinaten der Enden des in K' ruhenden Einheitsmaßstabes), dann ist die Länge des in K

ruhenden Einheitsmaßstabes von K aus beurteilt laut (8)

$$=\frac{1}{a} \quad \ldots\ldots\ldots\ldots \quad (9)$$

Die Ergebnisse einer „Momentphotographie" von einem im System K entlang der x-Achse ruhenden Einheitsmaßstabe, die von K' aus z. B. zur Zeit $t'=0$ (nach den Uhren des Systems K') gemacht wird, kann man auf Grund der Gleichungen (3) und (4) durch Elimination von t quantitativ verfolgen, wenn man die Koordinaten der Enden des Einheitsmaßstabes mit x_2' und x_1' bezeichnet und berücksichtigt, daß bei $t'=0$ $t=\frac{b}{ac}x$ laut (4) zu setzen ist.

Wir erhalten dann unter Berücksichtigung von (7):

$$x_2'=ax_2-\frac{b^2}{a}x_2 \quad \text{oder} \quad x_2'=a\left(1-\frac{b^2}{a^2}\right)x_2,$$

$$x_1'=ax_1-\frac{b^2}{a}x_1 \quad \text{oder} \quad x_1'=a\left(1-\frac{b^2}{a^2}\right)x_1$$

$$x_2'-x_1'=a\left(1-\frac{v^2}{c^2}\right)(x_2-x_1).$$

Da aber für die Enden x_2 und x_1 des in K ruhenden Einheitsmaßstabes $x_2-x_1=1$ zu setzen ist, so ist die von K' aus beurteilte Länge des in K ruhenden Einheitsmaßstabes

$$=a\left(1-\frac{v^2}{c^2}\right) \quad \ldots\ldots\ldots \quad (10)$$

Da nach dem Relativitätsprinzip die Ergebnisse der beiden [(9) und (10)] Momentphotographien einander gleich sein müssen, so muß

$$\frac{1}{a}=a\left(1-\frac{v^2}{c^2}\right)$$

oder

$$a^2=\frac{1}{1-\frac{v^2}{c^2}},$$

und daraus

$$a = \frac{1}{\sqrt{1 - \frac{v^2}{c^2}}}.$$

Aus (7) würde dann folgen:

$$b = \frac{\frac{v}{c}}{\sqrt{1 - \frac{v^2}{c^2}}}.$$

Durch Einsetzen in (3) und (4) würden wir dann die Lorentztransformation für Ereignisse auf der x- bzw. x'-Achse erhalten:

$$x' = \frac{x - vt}{\sqrt{1 - \frac{v^2}{c^2}}}, \qquad t' = \frac{t - \frac{v}{c^2}x}{\sqrt{1 - \frac{v^2}{c^2}}} \quad . \; . \; . \quad (11)$$

Die Erweiterung unserer Betrachtungen auf Ereignisse, die außerhalb der x- bzw. x'-Achsen stattfinden, würde uns wiederum zu den Gleichungen (11) führen, die durch die Gleichungen

$$y' = y, \qquad z' = z \quad . \; . \; . \; . \; . \; . \quad (11')$$

zu ergänzen wären.

Man kann sich leicht überzeugen, daß nun durch die Gleichungen (11) und (11') dem Postulat der Konstanz der Vakuumlichtgeschwindigkeit für beliebig gerichtete Lichtstrahlen sowohl im System K, als auch im System K' Genüge geleistet wird. Wir wollen aber hier darauf nicht näher eingehen.

Die Gleichungen (11) und (11') sind die von uns gesuchten Lorentztransformationsformeln.

Aus den Formeln der Lorentztransformation ergibt sich ohne weiteres als Folgerung der relative Charakter der raumzeitlichen Meßergebnisse. Es wird demnach im allgemeinen

$$t_2' - t_1' \neq t_2 - t_1 \quad \text{und} \quad l' \neq l$$

zu setzen sein.

Da wir seinerzeit, solange wir die beiden aus der Erfahrung herauskristallisierten Grundsätze der speziellen Relativitätstheorie noch nicht kannten, und uns mit physikalischen Definitionen von Raum und Zeit beschäftigten, die Frage nach dem relativen oder absoluten Charakter der raumzeitlichen Meßergebnisse offengelassen hatten und die Entscheidung dieser Frage der Erfahrung überlassen mußten, so kann das aus der Lorentztransformation gefolgerte Ergebnis über den relativen Charakter der raumzeitlichen Meßergebnisse zwar als etwas Neues, aber keinesfalls als etwas Revolutionäres betrachtet werden.

Bei den Anwendungen der Lorentztransformation auf konkrete Fälle sind wir in der Wahl der Ereignisse und der Dinge, die wir von beiden Inertialsystemen K und K' aus metrisch zu verfolgen haben, ganz frei. Die beiden in Betracht kommenden Inertialsysteme sollen sich relativ zueinander mit der konstanten Geschwindigkeit v bewegen. (Man kann nachweisen, daß der absolute Wert der relativen Geschwindigkeit der beiden Inertialsysteme nicht davon abhängig ist, welches der beiden Inertialsysteme wir als Bezugssystem wählen; deshalb sind wir berechtigt, von einer Relativgeschwindigkeit v zweier Inertialsysteme zu sprechen, ohne das eine oder das andere System als Bezugssystem namhaft zu machen, auf das man die Geschwindigkeit v bezieht.)

Es soll nun als das von beiden Systemen aus, in zeitlicher Hinsicht, zu untersuchende Ereignis das Ticken einer in K' lagernden Sekundenuhr gewählt werden.

Wir würden dann, auf Grund unserer physikalischen

Definition der Zeit einerseits und auf Grund der Lorentztransformation andererseits rechnerisch feststellen[1]) können, daß die von K aus beobachtete K'-Sekundenuhr desto langsamer (im Vergleich mit den Sekundenuhren des Systems K) läuft, je mehr die Geschwindigkeit v, mit der das Inertialsystem K', und demnach auch die in diesem System lagernde Uhr, relativ zum Bezugssystem K bewegt wird, in die Nähe der Vakuumlichtgeschwindigkeit fällt. Bei $v = c$ würde die mit Lichtgeschwindigkeit bewegte Sekundenuhr von einem ruhenden Beobachter als stehengeblieben wahrgenommen werden.

Wenn wir als das von beiden Inertialsystemen aus auszumessende Ding einen im K'-Inertialsystem ruhenden und der Länge nach in der Richtung der relativen Geschwindigkeit v der beiden Inertialsysteme lagernden Stab (z. B. einen Einheitsmaßstab) wählen, dann können wir auf Grund unserer physikalischen Definition der Länge einerseits und auf Grund der Lorentztransformation andererseits feststellen, daß die Länge eines bewegten (vom Inertialsystem K aus gemessenen) Stabes stets kleiner ausfällt, als die Ruhelänge (vom Inertialsystem K' aus gemessen) desselben Stabes.

Wenn die Geschwindigkeit v des bewegten Stabes sich der Vakuumlichtgeschwindigkeit c nähert, so konvergiert die Länge des bewegten Stabes vom ruhenden System aus gemessen gegen Null. Man kann auf Grund der Lorentztransformation beweisen, daß in einer Richtung, die senkrecht zu v steht, bewegte Körper ihre linearen Dimensionen

[1]) Durch unmittelbare Messungen lassen sich diese Differenzen in der Zeitmessung nicht feststellen, weil man gewöhnlich mit Geschwindigkeiten v zu tun hat, die sehr klein sind im Vergleich mit der Vakuumlichtgeschwindigkeit c.

nicht verändern; wir wollen uns hier damit aber nicht beschäftigen.

Der aus der Erfahrung gefolgerte relative Charakter der raumzeitlichen Meßergebnisse würde uns auch ohne die physikalischen Definitionen von Raum und Zeit und auch ohne Heranziehung der speziell-relativistischen Empirie viel geläufiger werden, wenn wir uns öfter an die von Kant gegebenen allgemeinen philosophischen Definitionen von Raum und Zeit (die die physikalischen Definitionen der in Betracht kommenden Begriffe als Spezialfälle mitenthalten) als Formen unserer Anschauung erinnern würden. Unsere Anschauung ist bekanntlich aus gewissen, uns näher nicht geläufigen, Relationen zwischen den außerhalb des Beobachters liegenden Dingen einerseits und der Lage, dem Bewegungszustand und der Laune des Beobachters andererseits entstanden, und deshalb haben wir alle Gründe, anzunehmen, daß auch die Formen unserer Anschauung (wie es Raum und Zeit auch im physikalischen Sinne dieser Worte sind) von Relationen zwischen der außerhalb von uns liegenden Welt einerseits und der Lage, Laune und dem Bewegungszustand des Beobachters andererseits abgezogen sind.

Der relative Charakter der raumzeitlichen Meßergebnisse wäre dann nicht mehr das Zeichen einer im physikalischen Sinne gemeinten revolutionären Gesinnung, er wäre ein Ding der Selbstverständlichkeit.

Einen Komplex von raumzeitlichen Angaben würden wir in bezug auf die raumzeitliche Einschätzung eines Ereignisses nur dann als vollständig betrachten können, wenn in dem uns gegebenen Komplex von Zahlen, außer den dem Ereignis zugeordneten Zeigerstellungen und Zahlen von Abtragungsoperationen eines Einheitsmaßtabes, die Lage und der Bewegungszustand des Beobachters gegeben sind.

14. Weitere Folgerungen aus der Lorentztransformation und den Grundsätzen der speziellen Relativitätstheorie.

Da in der speziellen Relativitätstheorie nur Inertialsysteme als Bezugssysteme in Betracht kommen und da nach dem speziellen Relativitätsprinzip Naturgesetze beim Übergang des Beobachters von einem Inertialsystem in ein anderes ihre Formulierung beibehalten müssen, können wir an der Hand der Lorentztransformation (die uns die funktionale Beziehung zwischen x', y', z', t' und x, y, z, t in konkreter Form angibt) jede in irgendeinem Inertialsystem aufgestellte Beziehung zwischen x, y, z, t daraufhin prüfen, ob sie als Naturgesetz aufgefaßt werden darf oder nicht. Behält die in Betracht kommende Beziehung beim Übergang von x, y, z, t zu x', y', z', t' ihre Form bei, dann ist sie ein Naturgesetz. In diesem Falle sagt man auch, daß die in Betracht kommende Beziehung „kovariant ist in bezug auf eine Lorentztransformation".

Auf diesem Wege konnte man nachweisen, daß die Maxwellschen Gleichungen des elektromagnetischen Feldes, die im Grunde genommen nichts anderes ausdrücken, als daß jeder elektrische Strom durch ein zirkulares Magnetfeld, und jeder magnetische Strom durch ein zirkulares elektrisches Feld umgeben ist, Naturgesetze sind; denn sie bewahren ihre Form beim Übergang von dem ungestrichenen zu dem gestrichenen raumzeitlichen Koordinatenkomplex.

Dagegen würden wir uns überzeugen können, daß die Gleichungen der Newtonschen Mechanik in bezug auf eine Lorentztransformation nicht kovariant sind und demnach keine Naturgesetze sind.

Die spezielle Relativitätstheorie gibt uns an Hand der Newtonschen Bewegungsgleichungen die Möglichkeit, diejenigen Bewegungsgesetze materieller Körper aufzustellen, die die Eigenschaft der Kovarianz in bezug auf die Lorentztransformation haben. Als erste Näherung für langsam bewegte materielle Körper ergeben sich dabei die Newtonschen Bewegungsgleichungen. Charakteristisch für diese Bewegungsgleichungen ist der Ausdruck für die kinetische Energie L eines mit der Geschwindigkeit v bewegten materiellen Punktes.

An die Stelle des Ausdrucks $L = \frac{mv^2}{2}$ der Newtonschen Mechanik tritt hier:

$$L = \frac{mc^2}{\sqrt{1 - \frac{v^2}{c}}} = mc^2 + \frac{mv^2}{2} + \frac{3}{8} m \frac{v^4}{c^2} + \ldots {}^{1)}.$$

Für $v << c$ erhalten wir für L den klassischen Wert bis auf die additive Konstante mc^2, der in der klassischen Theorie keine physikalische Bedeutung zukommt, da es sich in der Praxis nur um Differenzen von L handelt.

In dem für die kinetische Energie L in der speziellen Relativitätstheorie aufgestellten Ausdruck

$$L = mc^2 + \frac{mv^2}{2} + \frac{3}{8} m \frac{v^4}{c^2} + \ldots$$

[1]) Die Gültigkeit dieses für die kinetische Energie eines bewegten Massenpunktes aufgestellten Ausdruckes konnte durch eine Reihe von Untersuchungen an freien Elektronen der Kathodenstrahlen (die Versuche von Kaufmann und anderer zur Bestimmung von $\frac{e}{m}$) und an gebundenen Elektronen innerhalb eines aus Elektronen (Sommerfeld's, Erklärung der Feinstruktur der Wasserstoffspektrallinien) aufgebauten Atoms aufs glänzendste bestätigt werden.

können wir das additive Zusatzglied mc^2 auch so deuten, als ob der Masse m auch im Ruhezustande eine Energie vom Betrage mc^2 zugeordnet wäre. Zu diesem Ergebnis sind wir hier auf rein formalem Wege gekommen, der keinesfalls als Beweis der von vielen Physikern vermuteten Äquivalenz zwischen Energie und Masse zu betrachten ist. Man kann aber durch eine Kombination von elektromagnetischen und mechanischen Betrachtungen nachweisen, daß, wenn wir einem Körper von der Masse m die Energie E, z. B. in der Form von Wärme, zuführen, daß dann seine träge Masse m'

$$m' = m + \frac{E}{c^2}$$

wird, also um $\frac{E}{c^2}$ wächst. Das heißt, Zufuhr von Energie soll stets mit einem Massenzuwachs vom Betrage

$$\frac{\textit{zugeführte Energie}}{c^2}$$

verbunden sein. Daraus sehen wir, daß die einem materiellen Körper zugeführte Energie stoffliche Eigenschaften (Trägheit) besitzt, und aus dem Ausdruck für die kinetische Energie eines bewegten Massenpunktes kann man umgekehrt schließen, daß einer Masse m ein Energievorrat von mc^2 „äquivalent" zu sein scheint. Beide Beziehungen lassen sich in den beiden miteinander identischen Sätzen:

$$mc^2 = E; \quad m = \frac{E}{c^2}$$

zusammenfassen, die ihrer Bedeutung nach als eins der wichtigsten Ergebnisse der speziellen Relativitätstheorie einzuschätzen sind. Wenn jeder Energievorrat E eine träge Masse $\frac{E}{c^2}$ besitzt und jeder Masse m ein Energievorrat von der Größe mc^2 zugeordnet ist, dann verschmelzen die Sätze der Erhaltung der Energie und der Erhaltung der Masse in einem Satze, den man nach Belieben entweder als Satz der Erhaltung der Energie oder als Satz der Erhaltung der Masse bezeichnen kann.

15. Scheinbare innere Widersprüche im System der speziellen Relativitätstheorie.

Wenn wir zwei relativ zueinander bewegte und mit gleichbeschaffenen Einheitsmaßstäben und gleichbeschaffenen Uhren versehene Inertialsysteme K und K' haben, so würden die Beobachter von jedem der beiden Inertialsysteme behaupten, die Uhren des anderen Inertialsystems liefen langsamer und die Einheitsmaßstäbe des anderen Inertialsystems seien kürzer als im eigenen System.

Auch das ist ein Ergebnis der speziellen Relativitätstheorie, und nun könnte man die Physiker bitten, bezüglich des Streites der beiden Beobachter Stellung zu nehmen.

Die in Betracht kommende Unterhaltung der beiden in verschiedenen Inertialsystemen sich befindenden Beobachter würde ein Nichtphysiker als Streit bezeichnen (den man übrigens sehr oft als Beweis für einen inneren Widerspruch der speziellen Relativitätstheorie bucht), dagegen würde ein Physiker diese Unterhaltung vom physikalischen Standpunkte aus als eine harmlose und friedliche Unterhaltung bezeichnen dürfen, die sich im wesentlichen aus nichts aussagenden Redensarten zusammensetzt.

Die Angabe eines raumzeitlichen Meßergebnisses hat, wie wir schon mehrmals betont hatten, für einen Physiker keinen bestimmten Sinn, solange der Bezugskörper nicht angegeben ist, von dem aus die Messungen ausgeführt sind. Wenn jeder von den beiden Beobachtern seine Meßergebnisse genau formulieren würde, indem er jedesmal das Inertialsystem mit erwähnen würde, von dem aus die Meßergebnisse stammen, dann würde auch vielen Nichtphysikern klar, daß die beiden einander scheinbar widersprechenden Behauptungen von einem höheren Gesichtspunkt aus trotzdem in vollster Übereinstimmung miteinander sein können.

Wenn auch die beiden Beobachter in ihrem gegenstandslosen Streit ausharren würden, so dürfte das einen Physiker gar nicht berühren. Vom Standpunkt der speziellen Relativitätstheorie ist ein Beobachter berechtigt, mit Beobachtern anderer Bezugssysteme über die einzelnen Meßergebnisse sich herumzustreiten, er darf aber auf keinem Wege mit sich selber in einen Widerspruch verwickelt werden, wie es z. B. der Fall wäre, wenn ein Beobachter, ohne den Boden der speziellen Relativitätstheorie zu verlassen, zu der Feststellung einer absoluten Bewegung im Raume gekommen wäre; denn das widerspricht dem Inhalt des speziellen Relativitätsprinzips, von dem wir, neben dem Prinzip der Konstanz der Vakuumlichtgeschwindigkeit, beim Aufbau der Relativitätstheorie ausgegangen waren.

Würde ein Beobachter auch nur auf einem einzigen, mit den definitorischen sowie auch mit den empirischen Grundlagen der speziellen Relativitätstheorie in Einklang stehenden Wege einen Widerspruch mit sich selber entdecken und ihn aufrechterhalten können — was bis jetzt trotz vielfacher Versuche noch niemand gelungen ist —, dann wäre alles, was wir bis jetzt aufgebaut haben, falsch, und es müßte auf den Trümmern der speziellen Relativitätstheorie eine neue Relativitätstheorie aufgebaut werden.

16. Das vierdimensionale raumzeitliche Kontinuum der speziellen Relativitätstheorie.

Aus der alltäglichen Erfahrung wissen wir, daß die vertikale Richtung eine an jedem Ort der Erdoberfläche ausgezeichnete Richtung ist, die stets zu rekonstruieren ist und die mit einer anderen, z. B. horizontal verlaufenden Richtung nicht zu verwechseln ist. Aus praktischen Gründen hat man aber trotzdem es für zweckmäßig gefunden, die horizontalen und vertikalen Dimensionen unseres Raumes zu einem dreidimensionalen Kontinuum zu vereinigen. Nähere Betrachtungen würden uns zeigen, daß diese Fusion uns die Möglichkeit gibt, einen Einblick in die wesentlichen Unterschiede zwischen horizontaler und vertikaler Richtung zu erhalten und zu gleicher Zeit die in physikalischer Hinsicht unwesentlichen Unterschiede zwischen Vertikalen und Horizontalen zu überbrücken.

Es hat sich gezeigt, daß ganz analoge Überlegungen in bezug auf die raumzeitliche Einordnung der physikalischen Ereignisse zur Zweckmäßigkeit der Fiktion eines raumzeitlichen Kontinuums führen, das besonders in den Fällen von großer Bedeutung ist, wo die räumliche Einordnung der physikalischen Ereignisse von ihrer zeitlichen Einordnung nicht getrennt zu werden braucht. Dadurch sind wir in der Lage, die wesentlichen Unterschiede zwischen der räumlichen und zeitlichen Einordnung der Ereignisse noch schärfer als vorher hervorzuheben.

Ein Punkt in diesem raumzeitlichen Kontinuum (ein bestimmtes Moment an einem bestimmten Ort) wird nach Minkowski als Weltpunkt bezeichnet und die Gesamtheit aller Weltpunkte als kurzweg „Welt“ bezeichnet.

Wenn wir uns auf einer Ebene im euklidischen Sinne

dieses Wortes befinden, so wissen wir, daß der Abstand s zwischen zwei gegebenen Punkten I (x_1, y_1) und II (x_2, y_2) eine Größe ist, die mit Hilfe eines starren Einheitsmaßstabes gemessen werden kann; andererseits kann man dieselbe Größe, wenn wir die beiden Punkte auf ein in der Ebene eingezeichnetes rechtwinkliges Koordinatensystem beziehen, auf Grund des pythagoreischen Satzes durch die Koordinaten der Punkte I und II folgendermaßen ausdrücken:

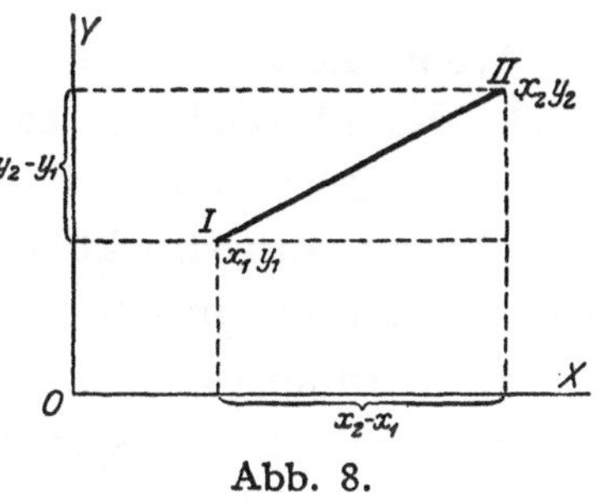

Abb. 8.

$$\sqrt{(x_2 - x_1)^2 + (y_2 - y_1)^2}.$$

Es muß demnach

$$s^2 = (x_2 - x_1)^2 + (y_2 - y_1)^2$$

identisch erfüllt sein.

Im dreidimensionalen Raume würden wir auf ganz analogem Wege finden, daß das Quadrat des mit einem Einheitsmaßstabe gemessenen Abstandes s zwischen zwei gegebenen Punkten I (x_1, y_1, z_1) und II (x_2, y_2, z_2) durch die Koordinaten der Punkte folgendermaßen ausgedrückt werden kann:

$$s^2 = (x_2 - x_1)^2 + (y_2 - y_1)^2 + (z_2 - z_1)^2.$$

Sollten die beiden in Betracht kommenden Punkte aneinander unendlich nahe liegen, dann würden wir den mit dem Einheitsmaßstab gemessenen Abstand zwischen den beiden Punkten I (x, y, z) und II $(x + dx, y + dy, z + dz)$ der Orthographie der Differenzialrechnung gemäß mit ds bezeichnen. Wir würden dann finden, daß auf der Ebene

$$ds^2 = dx^2 + dy^2 \quad . \; . \; . \; . \; . \; . \; . \quad (12)$$

und im dreidimensionalen Raum

$$ds^2 = dx^2 + dy^2 + dz^2 \quad \ldots\ldots \quad (13)$$

Wenn die mit Hilfe des Einheitsmaßstabes gemessene Größe des Abstandes ds zwischen zwei unendlich benachbarten Punkten durch die Koordinaten der Punkte stets gemäß (13) ausgedrückt werden kann, dann bezeichnen wir das Kontinuum der (x, y, z)-Punkte als euklidisch.

Im vierdimensionalen raumzeitlichen Kontinuum können wir von einem Inertialsystem aus mit Hilfe von Maßstäben und Uhren beliebige Ereignisse in raumzeitlicher Hinsicht messend verfolgen.

Wir können zwei Ereignisse ins Auge fassen, die in raumzeitlicher Hinsicht sich voneinander nur unendlich wenig unterscheiden. Die diesen Ereignissen entsprechenden Weltpunkte sollen durch die raumzeitlichen Koordinaten

$$(x_1, x_2, x_3, t) \text{ und } (x_1 + dx_1, x_2 + dx_2, x_3 + dx_3, t + dt)$$

gegeben sein. Dann können wir mit Hilfe von Maßstäben und Uhren

$$dx_1, dx_2, dx_3 \text{ und } dt$$

ausmessen, Wir können dann als eine aus den Meßergebnissen abgeleitete Größe auch die Größe von

$$dx_1^2 + dx_2^2 + dx_3^2 - c^2 dt^2$$

betrachten, die wir mit ds^2 bezeichnen wollen. Es ist dann

$$ds^2 = dx_1^2 + dx_2^2 + dx_3^2 - c^2 dt^2$$

eine Identität.

Es läßt sich zeigen, daß, wenn wir im vierdimensionalen raumzeitlichen Kontinuum die Gültigkeit des speziellen Relativitätsprinzips und des Prinzips der Konstanz der Vakuumlichtgeschwindigkeit voraussetzen, daß dann die

Größe von ds^2, die durch

$$dx_1^2 + dx_2^2 + dx_3^2 - c^2 dt^2$$

gegeben ist, unabhängig von der Wahl des einen oder des anderen Inertialsystems als Bezugssystem sich erweisen wird.

Es würde sich mit anderen Worten zeigen, daß

$$dx_1^2 + dx_2^2 + dx_3^2 - c^2 dt^2 = dx'^2_1 + dx'^2_2 + dx'^2_3 - c^2 dt'^2$$

identisch erfüllt wird.

Die Größe ds wird deshalb kurzweg als Abstand zwischen zwei unendlich benachbarten Ereignissen genannt (wegen der Unveränderlichkeit der Größe ds beim Übergang von einem Inertialsystem zu einem anderen, brauchen wir bei einer Angabe von ds das in Betracht kommende Inertialbezugssystem nicht anzugeben).

Wenn wir anstatt der Zeit t die Variable

$$x_4 = \sqrt{-1} \cdot c \cdot t$$

einführen, dann erhalten wir für ds den Ausdruck:

$$ds^2 = dx_1^2 + dx_2^2 + dx_3^2 + dx_4^2 .$$

In diesem Ausdruck für ds^2 ist alles symmetrisch. Wir können hier die Variable x_4 von den Variablen x_1, x_2 und x_3 nicht unterscheiden. Das raumzeitliche Kontinuum dieser Art ist vollständig isotrop in bezug auf alle Variabeln.

Diese Betrachtungen, die zuerst von Minkowski aufgestellt wurden, haben viel dazu beigetragen, ein für den Aufbau der allgemeinen Relativitätstheorie brauchbares mathematisches Fundament zu schaffen, das außerdem auch interessante Rückblicke auf den euklidischen Charakter det raumzeitlichen Kontinuums der speziellen Relativitätstheorie zu eröffnen geeignet ist.

17. Die speziellrelativistischen Beziehungen im Lichte der allgemeinen Relativitätstheorie.

In der allgemeinen Relativitätstheorie werden innerhalb unendlich kleiner x_1, x_2, x_3, x_4 Gebiete, in denen durch spezielle Wahl der Koordinaten das dort vorhandene Gravitationsfeld wegtransformiert wird, die speziell-relativistischen Beziehungen als gültig vorausgesetzt und dazu benutzt, um den Folgerungen aus der allgemeinen Relativitätstheorie einen metrischen Sinn zu geben, durch den diese Folgerungen experimentell bestätigt oder widerlegt werden können.

Jede experimentelle Bestätigung einer Folgerung der allgemeinen Relativitätstheorie würde demnach unter gewissem Vorbehalt als indirekte Bestätigung der Gültigkeit der speziellrelativistischen Beziehungen aufgefaßt werden können.

Die Perihelbewegung des Merkurs und die Ablenkung der Lichtstrahlen im Gravitationsfelde der Sonne sind zwei durch astronomische Beobachtungen bestätigte Folgerungen der allgemeinen Relativitätstheorie. Dasselbe empirische Material kann demnach auch als indirekte Bestätigung für die Gültigkeit der der allgemeinen Relativitätstheorie zugrunde liegenden speziellen Relativitätstheorie aufgefaßt werden.

Es muß der Zukunft überlassen werden, die Frage zu beantworten, ob beim Durchgang des Lichtes durch ponderable Materie neben den elektromagnetischen Feldern der einzelnen Bausteine der Materie auch die atomaren und die intraatomaren Gravitationsfelder eine Rolle spielen, ob die Verminderung der Lichtgeschwindigkeit innerhalb ponderabler Materie teilweise auf Ablenkung der Lichtenergie durch die gravitierenden Zentren, die innerhalb der Materie verteilt sind, zurückzuführen ist und ob das Nichtstrahlen eines um den positiven Atomkern herumkreisenden Elektrons durch den geodätischen Charakter der Elektronenbahn erklärt werden kann, die nur durch die Nichtberücksichtigung der intraatomaren Gravitationsfelder uns als gekrümmt erscheint.

Die Lösung dieser Fragen kann eine Reihe von experimentellen Methoden mit sich bringen, durch die die Gültigkeit der speziellen und allgemeinen Relativitätsheorie nochmals geprüft werden kann und deren Ergebnis zurzeit nicht vorauszusehen ist.

Zusammenfassung.

1. Es ist eine neue physikalische Definition für Inertialsysteme aufgestellt worden.

2. Der Newtonsche Trägheitssatz hat einen bestimmten physikalischen Sinn, wenn man die Bewegung auf Inertialsysteme bezieht, die ihrerseits unabhängig vom Trägheitssatz definiert sind.

3. Es ist eine physikalische Methode aufgestellt worden, unendlich viele Punkte zu finden, die auf einer geraden Linie zwischen zwei Punkten liegen.

4. Es ist ein physikalisches Kriterium aufgestellt worden, den symmetrischen Charakter der Ausbreitung eines Mobils im Raume festzustellen.

5. Das Synchronisierungsverfahren der Uhren kann mit Hilfe jedes sich im Raume symmetrisch ausbreitenden Mobils durchgeführt werden.

6. Die physikalische Definition von Länge und Zeit genügt nicht, um auf den relativen bezw. absoluten Charakter der raumzeitlichen Meßergebnisse zu schließen. Die Relativität der raumzeitlichen Meßergebnisse kann erst im Zusammenhang mit den empirischen Grundlagen der speziellen Relativitätstheorie gefolgert werden.